「ザ イノウエブラザーズ」
——聡（左）と清史はソーシャルデザインの力で社会を変える（ペルーにて）

母・さつきとデンマークの自宅で語らう聡と清史

父・睦夫と家族旅行を楽しむ
聡（6歳）と清史（4歳）

長崎に住む祖母・冨江を訪ねる
聡、清史、ウラ

コムデギャルソンと共同で
作ったアルパカセーター

コムデギャルソンの
ショップストアで販売された
アルパカセーターとニット帽

2007年に初めて商品化した
アルパカセーターとカーディガン

2008年、聡と清史で訪れた
ボリビアの朝日

ボリビア・ラパスの街並み

ウラのペルー初訪問

パコマルカ研究所・アロンゾさん
──聡と清史は
「アルパカ先生」と呼ぶ

アルパカの原毛を
チェックする聡と清史

パコマルカ研究所のアルパカ
──世界一を誇るクオリティ

広大なパコマルカ研究所内で
アルパカが放牧されている

南米のアンデス山脈を眺め立つ聡と清史

東北・福島の縫製工場

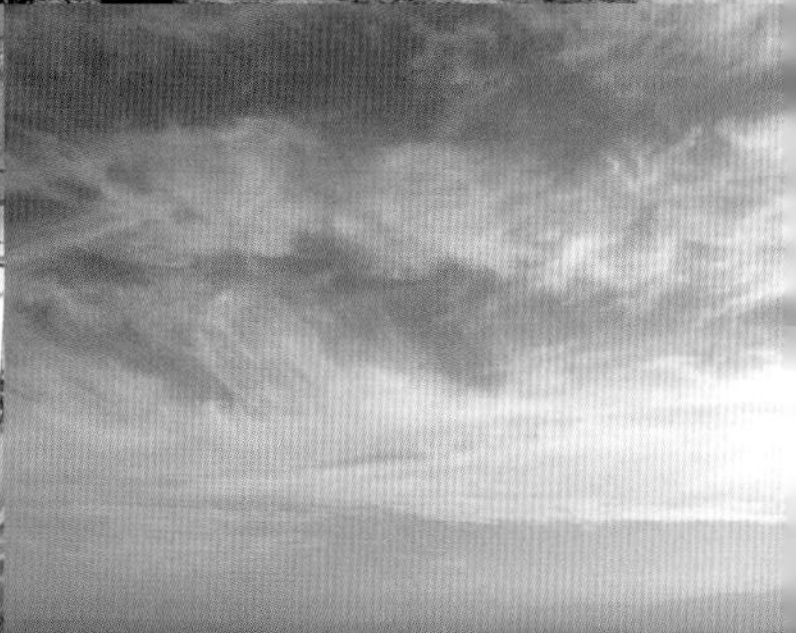
南アフリカの大地
──「白と黒を越えるプロジェクト」を展開

南アフリカのビーズ細工のプロダクト

「白と黒を越えるプロジェクト」で
作ったプロダクト

刺繍「タトゥリーズ」が
編み込まれたフーディー

刺繍「タトゥリーズ」を
手縫いする
パレスチナ女性

パレスチナとイスラエルを
分断する分離壁に
「ザ イノウエブラザーズ」の
シンボルマークを描いた聡と清史

「シュプリーム・ロイヤル
アルパカ」の
プロダクト（白）

「シュプリーム・ロイヤル
アルパカ」の
プロダクト（黒）

「琉球藍染プロジェクト」
──沖縄で栽培される
藍を刈り取る聡

藍から染料を作る聡

「琉球藍染プロジェクト」の
プロダクト

聡家族は沖縄に移住──沖縄の自宅で聡と清史の家族で団欒

創価学会・沖縄研修道場から
コバルトブルーの海を眺める聡と清史

SDGsな仕事

「THE INOUE BROTHERS…」の軌跡

はじめに

口の中に広がる血の味。全身に走る激痛。

さっきまでジャングルジムに登って遊んでいたはずの僕は、気がつくと地面に這いつくばっていました。

「この中国人野郎！」

僕を背後から突き落としたその子は、大声でそう叫びながら、どこかへ走り去っていきました。

痛みと、悔しさと、恥ずかしさから、僕は涙があふれて止まりませんでした。

すぐに祖母が迎えに来てくれて家に帰りました。その後、父に連れられた病院で、鎖骨が折れていることが分かりました。

今でも鮮明に覚えているこの日の光景は、母国のデンマークで僕が初めて受けた人種差別の記憶です。

一九七八年、僕は日系二世としてデンマークのコペンハーゲンに生まれました。今でこそマイノリティへの寛容のイメージが強いデンマークですが、僕と二つ年下の弟の清史《きよし》が生まれ育った一九八〇年代当時は、まだまだ白人中心の社会。〝移民の子〟である僕たちは、周囲とは見た目やバックグラウンドが異なるという理由だけで、小さい頃から差別やいじめを何度も経験してきました。そこへ追い討ちをかけるように家庭の経済苦、さらには父との早すぎる別れが降りかかりました。毎日が〝戦い〟の日々でした。

さまざまな経験を通して、僕は不正に対する大きい怒りと、人一倍強いハングリー精神を持つようになりました。やがて、そうした感情は、「社会的に成功して偉くなりたい」「大金持ちになって、誰からも認められたい」といった承認欲求へと変わっていきました。それに突き動かされるまま大人になった僕は、デザイナーとしてデンマークの広告代理店で働き始めました。

寝食を忘れて働き続けた結果、二十五歳という業界内では異例の若さでジュニア・アート・ディレクターに抜擢《ばってき》。デンマークのデザイン業界で僕の名前は十分に知られ、友人と一緒に会社を起こして独立することもできました。何度も悔しい思いをした少年期の〝リベンジ〟を僕は早々に果たすことができたのです。

ところが、望みを叶えたはずの僕の心はひどく荒《すさ》んでいました。幸せや充足感などどこにもなく、実際には〝もっと上を目指さなくては〟〝もっと結果を出さなくては〟といった焦燥感に苛《さいな》まれていたのです。自分はいったい何のために生きているのか、全く分かりませんでした。

暗闇の中にあった僕の心に明かりを灯《とも》してくれたのは、生前に父が語ってくれたビジネスに関する言葉でした。

「ビジネスは植物などの生き物の成長と同じなんだ。植物は他の植物と競い合い大きくなっていくように見えるが、個で存在していけるものではない。多くの生き物は、自分以外の周囲の生き物たちによって支えられて生きていく。ビジネスにおいても、一番大切なのは支え合い、周りの人を幸せにすることだ」

〝自分に欠けていたのは支えてくれた人たちへの感謝ではないか〟と、僕は父の言葉にハッとさせられました。

「これからは自分のためだけでなく、本当に困っている人のために働こう。父ちゃんに誇れる生き方をしよう」

心の底からそう思った僕は、清史と、のちに妻となるウラとともに二〇〇四年にデザインスタジオ「THE INOUE BROTHERS...」を立ち上げたのでした。

二〇一五年九月。アメリカのニューヨークの国連本部で開かれたサミットで、貧困、紛争、気候変動など人類が直面する数多くの課題に対する「持続可能な開発目標」が採択されました。これがのちにＳＤＧｓ（Sustainable Development Goals――持続可能な開発目標）という略称で人々の間に広く浸透し、現在に至るまで世界各国の企業や自治体、そして市民たちに具体的な行動を促し続けています。

「ザ イノウエブラザーズ」を設立した当時、ＳＤＧｓという言葉はまだこの世界に存在しませんでした。僕たちが直接的に影響を受けたのは、当時のデンマークでムーブメントになっていた〝クリエイティブの力で社会を変える〟という「ソーシャルデザイン」の考え方です。創造的なデザインやビジネスを通じて、社会やコミュニティが抱える課題の解決を図るソーシャルデザインは、デンマーク社会でマイノリティとして育った僕にとって大変に魅力的でした。なぜなら、どんな人でもアイデア次第で、社会に対してインパクトを与えることができるからです。

本書でも詳細を記した南米アンデスのアルパカプロジェクトをはじめとする「ザ イノウエブラザーズ」が展開するさまざまなプロジェクトは、ＳＤＧｓの達成を目指して始まったのではありません。自分たちの個性やアイデンティティを大切にし、その中で出会った人たちに導かれるようにして、僕たちの取り組みはいつしか、二〇一五年に国連で採択されたSDGsと共鳴していったのです。

ある意味では、最初は、自分たちのことしか考えていませんでした。自分たちのこだわりを大切にし、自分たちがかっこいいと思う服を作り、それを提供する。そうした自分がいつの間にか、貧困で苦しんでいる他者や、地球環境のことを真剣に考え、行動するようになりました。不思議と言えば不思議ですが、父が僕に語った言葉のとおりでした。本当に自分が幸せになりたいのなら、自分のことだけでなく、周りのことも真剣に考えなければならないのです。その自分の変化の過程には、たくさんの失敗と、かけがえのない出会いがありました。

本書では、僕の生い立ち、「ザ イノウエブラザーズ」のこれまでとこれからの取り組みなど、極めて個人的な体験談を綴《つづ》りました。それらの個人的な体験が、〝どのように「SDGsな仕事」に関係していくのか〟〝ソーシャルデザイン・ビジネスへとつながっていくのか〟といったことを、本書を読み進めながらぜひ確認していただき、考えてみてください。

本書が、特に将来の進路について悩んでいる若い人や、ビジネスを通じた社会貢献を考えている人に勇気を与えられたら、僕たちにとってこれ以上の喜びはありません。

目次

SDGsな仕事「THE INOUE BROTHERS...」の軌跡

第2章　デザインへの目覚め　55

第3章 「ザ イノウエブラザーズ」始動 84

第5章 動き始めた二つのプロジェクト

第6章 SDGsの先へ――「ザ イノウエブラザーズ」のこれから　208

取材・構成／南部健人
装幀／Nakaguro Graph（黒瀬章夫）
本文レイアウト／エイブレイン

目標4
質の高い教育を
みんなに

目標5
ジェンダー平等を
実現しよう

目標6
安全な水とトイレを
世界中に

目標10
人や国の不平等を
なくそう

目標11
住み続けられる
まちづくりを

目標12
つくる責任
つかう責任

目標16
平和と公正を
すべての人に

目標17
パートナーシップで
目標を達成しよう

SUSTAINABLE DEVELOPMENT GOALS

目標1
貧困をなくそう

目標2
飢餓をゼロに

目標3
すべての人に
健康と福祉を

目標7
エネルギーをみんなに
そしてクリーンに

目標8
働きがいも
経済成長も

目標9
産業と技術革新の
基盤をつくろう

目標13
気候変動に
具体的な対策を

目標14
海の豊かさを
守ろう

目標15
陸の豊かさも
守ろう

第1章　イノウエブラザーズのアイデンティティ

「お母さんを喜ばせるんだよ」

伝統とモダンが調和する街並み。エーレ海峡の向こう側に広がるスカンジナビア半島。一九七八年五月二十四日、僕はデンマークの首都・コペンハーゲンで生まれました。スカンジナビア・デザイン（シンプルかつナチュラルで機能性の高い北欧デザイン）をリードした優れたデザイナーを数多く輩出したこの街で、僕と弟の清史は、日本人の両親のもとで日系二世として育ちました。

父の井上睦夫《むつお》は、アーティストになることを志して、一九七二年に当時の西ドイツの芸術大学に二年間の留学をするために日本を出ました。そして、留学を途中で辞め、ガラス工芸を学ぶために、デンマークのガラス作家のフィン・リンガードに師事。大量生産を前提とした工業製品ではなく、自らの工房で自らの手でガラス作品を作るスタジオ・グラス作家として活動を開始しました。一九七七年から、父は世界各地の国際ガラス展に出品するなど活躍していました。日本人がヨーロッパで暮らすことが今よりもずっと珍しかった時代のことです。

アーティストだった父は優しい人で、いつも多くの人の輪の中にいました。一方で、父が社会の不正や不条理を目にして怒りをあらわにした時は、僕たちも震え上がるほどに怖かったです。それは父自身が移民として外国で暮らす中で、多くの差別を経験してきたことと、後述する南アフリカ共和国でのアパルトヘイトの悲惨な現実を目《ま》の当たりにしたことが関係していました。

「その人の見た目や肩書きが優れているから尊敬するとか、逆に劣っているから見下すとか、そんなことをしては絶対にいけない。どんな人であっても同じ人間なんだ」と生前に父はよく語っていました。

僕たち兄弟がまだ幼い頃、父はデンマーク王室御用達《ごようたし》のガラスブランド・ホルムガードで専属デザイナーとして働いていました。安定した収入に支えられ、僕たち家族は落ち着いた日々を過ごしていました。ところが、ある日、父は五年間働いたその会社を退職しました。僕には突然としか思えませんでした。

僕が父の退職の理由を知ったのはずっと後のことです。父と言い争いになった際に、僕は思わず父にこう叫びました。

「俺たちが貧乏なのは父ちゃんが勝手に仕事を辞めたせいだろう！」

一瞬、父は悲しそうな表情を浮かべました。そして、当時の事情を静かに話してくれました。

当時、ホルムガードは投資家からの指摘を受けて、大規模なリストラを決行することになったのです。その対象に含まれていたのが、父の下で働いていた工房の職人たちでした。そこで、職人よりも多く給与をもらっていた父は、代わりに自らが退職を願い出て、彼らを守ることにしたのです。

「世の中にはお金や名声よりも大切にするべきものがある。それが俺にとって、自分の信じる正義なんだ」と、父はそう僕に語り掛けました。父の退職理由を知り、僕は深く感銘を受けました。

とはいえ、父がホルムガードを辞めてからは、我が家の暮らしは不安定になりました。僕たちは、お小遣《こづか》いを一度ももらったことがないくらい貧乏でした。どちらかというと、父は先のことより今を大事にしたい人で、自らの作品が売れてようやく手にしたお金を家には入れずに、仲間に奢《おご》って使い切ることもしばしばありました。そのことでいつも頭を悩ませていたのが母でした。

ある夜、母がキッチンで独り家計簿と向き合いながら、静かに涙を流す姿を僕は偶然目にしました。いつも気丈に振る舞っていた母だっただけに、僕は驚いてその場で固まってしまいました。あの時の母の横顔は、今も僕の心に深く残っています。

母の井上さつきは、日本で大学を卒業してから、デンマークのフォルケホイスコーレに留学しました。フォルケホイスコーレとは、民主主義的な思考を育むために作られたデンマーク独自の教育機関で、民衆のための教育プログラムを提供しています。母はそこで成人教育について学びました。

やがて両親はコペンハーゲンで結ばれ、現地に残って新婚生活をスタート。父はガラス作家として、母は日本航空に就職してグランドスタッフとして働きました。

父とは対照的で母は物静かな人です。いつもニコニコと笑顔を浮かべ、一歩離れたところから父を見つめていました。夫婦喧嘩もありましたが、両親は深い愛情と信頼で結ばれていると、子どもながらに感じていました。

僕が十五歳の時に、父は病でこの世を去りました。父が入院をして最期を迎えるまでの三カ月間、僕は毎日のように病院に通い、父と二人きりでさまざまな話をしました。今も僕は道に迷った時、この時の父との対話を何度も心に思い起こします。

「お母さんを喜ばせるんだよ。女性を尊重し、大切にするんだよ」

それは病室での語らいの中で父が僕に何度も伝えたメッセージの一つです。

その母にとって一番の喜びは、みんなが父をいつまでも覚えていることです。僕がメディアの取材で母の話をすると、母は決まって「私のことはいいから、お父さんの話をしなさい」と言いました。僕がいつも取材の場で父のことばかり話すのは、実はそれが〝母親孝行〟でもあるからなのです。同時にそれは父の願いに応えることでもあります。

母の唯一の反対

父のいない僕たちに寂《さび》しい思いをさせないように、母は僕たちのやることなら何でも心から応援してくれました。僕が中学生になってヒップホップにのめり込むと、母も一緒になってラップを始めたくらい、どこまでも僕たちに寄り添ってくれました。

そんな母がたった一度だけ、僕の選択に猛反対したことがありました。それは僕の高校卒業後の進路についてでした。

進路について、僕は生前に父から二つのことを言われました。一つは、「聡は正義感が強いから弁護士が向いている」ということ。そしてもう一つは、「芸術家だけにはなってはいけない」ということ。

父の言葉を受けて、高校入学当時には英語を使って世界的に活躍する国際弁護士を目指していました。しかし実際には、それが自分の本当にやりたい仕事だったわけではなく、〝お父さんの願いを叶えなければ〟といった義務感のような感情が強かっただけでした。

本音では、高校時代のさまざまな経験を経て、芸術やデザインの分野に強い関心を持っていました。中でも、芸術的なセンスが多岐にわたって試されるグラフィックデザイナーに僕は強く憧れていました。父から忠告されていたにもかかわらず、僕は芸術の世界で生きていきたいと思っていたのです。

父の思いと自分のやりたいことの間で、僕は長らく葛藤していました。

「お母さん、僕は弁護士ではなく、デザイナーになりたいんだ」

僕が意を決して初めて母に本音を明かしたのは、高校を卒業した直後のことでした。それまで僕が弁護士になるものだとばかり思っていた母にとって、それは青天《せいてん》の霹靂《へきれき》でした。

「そんなのはダメ、絶対にダメだからね！」と、母は猛然と反対しました。

母が僕の考えに反対したのは、後にも先にもこの時だけです。反抗期の真《ま》っ只中《ただなか》だった僕は、母の強い言葉を聞いて頭に血が上り、それから約二週間、母とは一言も口を利きませんでした。重苦しい空気が、僕たちの間に漂いました。

転機が訪れたのは、ある日の夕方に母が散歩に出た時のことでした。その日、コペンハーゲンの空には奇跡のような美しい夕焼けが広がっていました。そのあまりの美しさを前に、思わず息をのんだ母は、しばらくじっと空を見つめました。そしてふと、「自分にはこの美しい景色を描くことはできないけれど、絵の得意な聡にはそれができる。それならば、彼の長所を存分に生かせる道に進ませたほうがいいんじゃないか」と思ったそうです。

帰宅後、母は僕をリビングのテーブルの椅子に座らせました。そして、僕の進路に反対した理由を打ち明けてくれました。

実は、母も生前に父から、「聡と清史を芸術家にだけはしないでほしい」と言われていたのです。父は続けて、「俺と同じ苦労を子どもたちにはさせたくないんだ」と母に語ったそうです。父が喜ぶことが自分の幸せだった母。父から託された思いと息子を応援したい気持ちの間で、最も苦しんでいたのは母だったのです。

父とのやりとりを打ち明けてくれた母は、「それでも聡がデザイナーになりたいというのなら私は止めない。やると決めたなら、全力で頑張りなさい」と僕を励ましてくれました。

母の反対していた理由も、応援してくれる理由も、どちらも深い愛情に根差していました。この日から、僕は母の言葉を胸にデザイナーになるために本気で勉強を開始しました。今振り返ると、この母の励ましがなければ、後年「ザ イノウエブラザーズ」が設立されることもなかったでしょう。

僕が仕事で成功したいと思う一番のモチベーションは、母の喜ぶ顔が見たいということです。そして母が喜んでくれている限り、僕は自分が間違った方向には進んでいないと思えるのです。

「ザ イノウエブラザーズ」を立ち上げて以来、アンデスをはじめ、世界のさまざまな場所を訪れました。そこで気づいたのは、伝統工芸には、女性たちの手仕事によって受け継がれてきたものが数多くあるということです。東日本大震災後に訪れた東北でも、地域の伝統工芸の担い手には多くの〝母〟がいました。そうした事実に対して、僕たちはもっと女性へのリスペクトを示さなければなりません。

全部で十七あるSDGs目標の中で、僕が最も重要視しているのは「5 ジェンダー平等を実現しよう」です。セクシャルマイノリティ（性的少数派）の人たちはもちろんいますが、単純に考えても、女性は人類の半分を占める存在です。また、どの民族であっても、どんな思想や宗教を持っていたとしても、すべての人には「女性から生まれてきた」という共通点があります。

それにもかかわらず、今の世界ではまだまだ女性の立場が弱いままです。

SDGs達成のために、気候変動の問題を取り上げたり、サステイナブル（持続可能）な経済システムなどを論じたりすることも重要です。でも、その前に「女性を尊重する」という一番重要なポイントが改善されない限り、人類は決して前に進めないと思います。そして、それは「母を大切にする」という最も身近なところから始めるべきです。

母に感謝することが、サステイナブルな世界の構築につながると僕は信じています。

弟であり、ベスト・パートナー

小さい頃にデンマーク社会で受けた人種差別をはじめ、辛い体験に負けなかったのは、僕の隣にいつも弟の清史がいてくれたからです。苦しい時に、常に〝仲間〟が一人いるということが、僕にとっては本当に心強かったのです。

　僕と弟の清史はとにかくずっと一緒にいました。周りの友達からも「本当に仲の良い兄弟だ」とよく言われていました。

　それを象徴するかのような出来事があります。

　僕も清史も思春期に入った頃、父が「二人ともティーンエージャーなんだから、部屋を別々にしたほうが良いだろう」と言いました。そして、僕たちにそれぞれの部屋を準備してくれたのです。ところが、実際に別々の部屋で暮らし始める

最高のパートナーの弟・清史（右）（沖縄にて）

と、僕が清史の部屋にずっといるか、清史が僕の部屋にずっといるかという状況に、いつの間にかなっているのです。結局、部屋を分けた意味は全くありませんでした。

もちろん、他の多くの兄弟と同じように、僕たちもたくさん喧嘩をしましたし、今もすることはあります。兄弟喧嘩をする僕たちに、父はいつも「二人でいると楽しいことは倍になって、苦しいことは半分になるんだよ。二人の関係を大切にしなさい」と口にしていました。今、この言葉がいかに大切かが分かります。何かを成し遂げたいと思う人たちに贈りたい言葉です。「ザ イノウエブラザーズ」を立ち上げて、世界中のさまざまなバックグラウンドを持つ人たちと一緒に仕事をするようになってから、その言葉を噛《か》みしめることが多くあります。

会社の経営でも、大きな組織の運営でも、一人の傑出《けっしゅつ》したリーダーが全体を率いる時代は過去のものになりつつあると僕は見ています。ＳＤＧｓにも「17パートナーシップで目標を達成しよう」と掲げられているように、価値観が急速に多様化する現代にあって、他者とフラット（対等）な関係を結び、協力して課題解決に取り組む姿勢は必要不可欠であり、会社などの運営で最も重要なことだと思っています。

僕にとって清史は、弟でもあり、ベストフレンドでもあり、そして今ではともに会社を経営するベストパートナーです。

「ザ イノウエブラザーズ」というデザインスタジオの名前に込めた思いの一つには、「これまでどおり自然体のまま、前に進んでいこう」というものがあります。これからも、これまでどおり清史とともに「楽しみは倍、苦しみは半分」で、前に進んでいきたいと思っています。

祖母の戦争・被爆体験

共働きだった両親を支えるために、毎年日本からデンマークに来てくれていたのが、母方の祖母でした。名前は山口冨江《とみえ》。一九二〇年に生まれた祖母は九十九歳まで生きたのですが、八十九歳になってもなお一人でデンマークに来ていたくらいパワフルなおばあちゃんでした。デンマークでの一度の滞在期間は三カ月ほどで、それを二十七回続けました。たくさんいる孫の中で、祖母と最も長く時間を過ごしたのは僕と清史でしょう。祖母の作ってくれたオムライスや焼き飯は、今でも恋しくなるほどの絶品でした。

その祖母が語ってくれた戦争・被爆体験は、僕たちに強烈なインパクトを与えました。

長崎で家庭を持った祖母は、二十代で太平洋戦争を経験、そして八月九日に被爆しました。祖母は、爆心地から山を一つ挟んだ一軒家に住んでいました。

その時、祖母はまだ赤ん坊だった僕の伯父を室内でお昼寝させてから、軒先で洗濯物を干していました。祖母の家からは、山の谷間の奥に市街地が見えました。その街の上空から、ピカッと強い光が発せられたのです。

「きれいな光ね」と祖母が見惚《みほ》れていたのも束の間、強烈な爆風が祖母のいる場所にまで伝わってきました。そして空は一転して、漆黒《しっこく》の闇に覆《おお》われたのです。

多くの人が〝ピカドン〟と形容した原爆投下の瞬間を、祖母は目撃したのでした。

その後、慌てて室内に避難した祖母は、驚きの声をあげました。部屋中に割れた窓ガラスの破片が散らばり、お昼寝をしていた伯父の体に突き刺さっていたのです。いったい外で何が起

原爆の恐ろしさを教えてくれた冨江おばあちゃん（長崎にて）

きたのかも分からないまま、祖母はピンセットで一つ一つ小さな体に刺さったガラス片を抜き取りました。この時の悲しみを、祖母は一生涯忘れることはなかったそうです。

一方、地域のリーダー的存在だった祖父は、原爆が投下された後に、仲間の安否を確認するために街中を奔走《ほんそう》しました。この時に多量の放射能や粉塵《ふんじん》を浴びた祖父は、それから長らく被爆の後遺症に悩まされました。足の脛《すね》や耳からよく膿《うみ》が出ていました。原爆は戦争が終わってもなお、祖父の体をゆっくりと蝕《むしば》んでいったのでした。被爆してから約三十年後に、祖父はがんでこの世を去りました。

原爆と戦争は、祖母から最愛の夫をはじめ多くの家族や友人を奪いました。しかし、特に被爆体験について、祖母は長い間、口を閉ざしていました。あくまでも僕が感じる限りですが、そこには自分だけが生き残ったことに対する罪悪感があったのかもしれません。

「さとちゃんときよちゃんにどうしても聞いてほしい話があるんよ」

ある日、長く苦しい心の葛藤を経て、祖母は僕たちに初めて重い口を開きました。当時、僕はまだ六歳で清史は四歳でした。戦争が終わってから、四十年近い時間が流れていました。

その時、祖母が聞かせてくれた話は、幼い僕たちにとってはあまりにも凄惨《せいさん》な内容ばかりでした。強烈な熱線によって体の一部が溶けてしまった人、目玉が飛び出してしまった人、大声をあげて泣き叫ぶ人。戦争が続く日々の中で、祖母は目を覆いたくなるような地獄を生き延びてきたのでした。

その後も祖母は繰り返し僕たちに被爆・戦争体験を語り続けました。それは、「戦争は絶対に悪なのだ」という烈々たる思いと、「必ず平和な世界を築いてほしい」という真剣な願いを、僕たちの生命の奥底に叩き込みたかったからなのでしょう。戦争を語る時の祖母の声は、今も僕の耳朶《じだ》に残っています。

「ザ イノウエブラザーズ」を立ち上げた後、僕と清史と妻のウラの三人で、広島と長崎を訪れました。それまでにも足を運ばなければと思っていたものの、祖母の悲惨な体験を聞いていたこともあり、勇気を出せない状態が続いていました。しかし、起業するにあたって、今一度、平和の原点に立ち返る意味を込めて、二〇〇四年、立ち上げメンバーの三人で広島・長崎の地を訪問しました。

広島平和記念資料館で特に衝撃だったのが、東館にあったパネルでした。そこには、今の世界にはどれくらいの数の核兵器が存在するのかということと、一九四五年以降で核兵器が使用されそうになったケースが時系列に沿って示されていました（その後、二〇一九年にリニューアルオープンして展示内容は変更しています）。核兵器そのものの悲惨さは祖母からも繰り返し聞かされていましたが、そのことでかえって「あんな悲惨なことはさすがにもう二度と起きないだろう」と、僕自身どこか思い込んでしまっていました。展示を見ると、その核兵器が自分の生きている時代に使われそうになっていた事実を知り、愕然《がくぜん》としました。核兵器は決して自分の遠くにあるものではないと認識を新たにしました。

また長崎では、それとは別の驚きがありました。原爆が投下された跡地にできた平和公園を訪れた際に、植物が力強く生育していたのを僕たちは目にしたのです。そこは、「放射能の影響で長い間草木が育たない」と考えられていた場所でしたが、空に向かって力強く伸びる大樹を目の当たりにして、平和・希望のシンボルのように輝いて見えたのです。

戦争がもたらす巨大な暴力と、自然が見せてくれた回復する力。戦争を引き起こすのは人間であり、またその人間は自然の一部でもあります。

〝破壊〟と〝再生〟という相反している二つの力は、ともに人間の生命に備わっている——広島と長崎を訪れて、そうした生命の奥深さを実感できたことは、僕たちにとって貴重な体験となりました。デザインを通じて、人間の生命に備わる善の力を引き出し、平和に貢献することが、「ザ イノウエブラザーズ」の使命の一つだと自覚した旅でした。

移民の子として育って

差別された経験がどれほど人間の自尊心を傷つけ、心に深い傷を残すのか。そのことは、僕たちも身をもって知っています。

デンマークで幼稚園に通っていた頃に、僕は初めての人種差別を経験しました。そして、それは小学校に入ってからも「いじめ」という形をとって続きました。

両親は僕が小学校で悔しい思いをしていることを知っていました。父は僕に、「相手の一番嫌がることをするのが最大のリベンジだ。だから勉強でもスポーツでも一番になりなさい。決して自分から手を出してはいけないよ」と、アドバイスをしました。

それから僕は父の言葉どおりに努力を重ね、やがて校内トップの成績を収め、デンマークの国民的スポーツのサッカーも同学年で一番上手くなりました。中には、「デンマーク人じゃないあいつがトップの成績なのは、何かズルをしているからに違いない」と陰口を言うクラスメートもいれば、その言葉を鵜呑《うの》みにした先生もいました。一方で、「サトルはみんなより倍の努力をしてこの成績を収めたんだ。きちんとリスペクトしなさい」と皆の前で言ってくれ、僕を理解してくれた先生もいて、心の支えになりました。

学業とスポーツの両方でトップになると、次第にいじめは減りました。自分がいじめられなくなってからは、僕は他にいじめられていたデンマーク人の生徒を守ったりもしました。自分と同じような辛い思いをしている人たちを見過ごせなかったのです。気がつくと、僕たちの近くには周りに上手く馴染めないアウトサイダー（社会の既成の枠組みから外れて行動する人）の友達が多く集まりました。

移民の家族にとって、人種差別と同様に影を落とす問題が、貧困だと僕は思っています。今でこそ、僕は父を心から尊敬していますが、子どもの頃には複雑な気持ちを抱いていました。その理由の一つが、我が家にも降りかかった貧困の問題でした。

ＳＤＧｓでも真っ先に掲げられている目標が「1　貧困をなくそう」です。貧困問題は極めて複合的な要因から生じ、さらには食糧問題、教育、治安、福祉衛生をはじめさまざまな負の影響を社会に及ぼします。

社会的に弱い立場にある移民の中には、言語の壁などから経済的に困窮している人が多くいます。大人になると、なぜ自分に今お金がないかを理解できますが、子どもにはそれが理解できません。僕自身がまさにそうでした。

皆が持っているおもちゃやかっこいい服を、自分たちはなぜ買ってもらえないのか。そうした悔しさがいつもまとわりついて、「自分はセカンド・グレード・シチズン（二級市民）なんだ」という気持ちに苛まれていました。貧困は子どもたちの自尊心を損ねるというのが僕の実感です。

ありがたいことに、今では多くのメディアが僕たちの活動を取り上げてくれます。「サステイナブル」や「エシカル（社会貢献などに配慮）」という言葉のイメージも先行してか、『ザ イノウエブラザーズ』は善良な人たち」という印象を持ってくれる人が多いです。でも、本当は僕たちのドライビング・フォース（原動力）は、悔しさや怒りといった気持ちが大きいのです。

自分の境遇を嘆きたくなることは僕にも何度もありました。しかし、いくら嘆いても、その境遇を変えることはできません。変えられるのは、自分自身だけです。勇気を出して、自らの境遇を受け止め、それと向き合うこと。そこに人間としての成熟がある。そのことを僕は時間をかけて少しずつ学んでいきました。だからこそ、仕事で世界の各地に足を運ぶ中で、不条理な目に遭っている人たちの存在に気づき、心から共感できる自分になれたのです。

最近では効率を優先するあまり、「早く成功したいが、なるべく失敗は避けたい」と思う人たちが増えてきていると感じています。その人たちに、必要なキーワードをあげるとしたら、「成熟」だと僕は思っています。「人間としての成熟」が、物事を成し遂げるためには必要なのではないかと。

絶対に差別を許さない

「絶対に人を見た目で判断してはいけないし、いかなる理由があっても差別は許されない」

これは生前に父から何度も聞いた言葉です。

父が僕たちに口を酸っぱくしてそう言い聞かせたのには理由がありました。

僕が物心がついた頃、父は南アフリカ共和国から招聘《しょうへい》されて、一週間ほどヨハネスブルグ大学に行きました。

きっかけは、父の勤めていたホルムガードに、南アフリカの芸術文化省から、ヨハネスブルグ大学でガラス工芸のデモンストレーションをしてほしいとの依頼が届いたことでした。具体的には、現地の学生に窯《かま》づくりから作品が出来上がるまでのすべての工程を教えて、最後は滞在中に制作したガラス作品で展覧会を開くという内容でした。この件を担当することになったホルムガードのチーフデザイナーで、有名なガラスアーティストでもあったペア・

リュッケンさんは、父をパートナーに指名したのでした。父がガラスのデザインから、窯を使って作品を作り上げるまでのすべての作業に習熟していた点を評価してくれたのでした。

父とペア・リュッケンさんが南アフリカに向かったのは一九八〇年代初頭のことでした。当時の南アフリカといえば、あの悪名高い人種差別政策の「アパルトヘイト」を実施していて、国連から「人道に対する罪」として非難されていました。南アフリカに行くにあたり、リュッケンさんは白人でしたが、日本人である父もまた「名誉白人(honorary white)」として〝優遇〟されたのです。

他のアジア人は有色人種として差別されるはずだが、日本人は〝名誉白人〟だから差別を免れる。言うまでもなく、このことは父に大きなショックを与えました。

父の南アフリカでの衝撃は続きます。ヨハネスブルグ大学に到着後、父たちとともに行動することが許されたのは、デモンストレーションや展覧会をアレンジする白人たちだけでした。ガラス工房内の大変な環境下で働く黒人の職人とは、仕事以外での接触を一切禁じられました。

「一番大変な仕事をしている人たちと公私をともにして一緒に働きたい」と常々考えている父にとって、黒人の職人と仕事以外の時間での接触を制限されることは大きなフラストレーションでした。そんな中で、父は何とか工夫して工房で働く彼らとコミュニケーションを取り、信頼を深めていったようです。

父がよく僕たちに話してくれたのは、デモンストレーションの最終日のことでした。展覧会のオープニングにもあたるその日、会場に招待されたのは、白人の南アフリカの政府関係者、文化人、実業家などの富裕層ばかり。当然、黒人の職人たちが会場内に入ることは許されませんでした。

そんな状況を父が受け入れられるはずがありません。

「こんな人たちとは一緒にいられない」と会場を飛び出した父は、そのまま職人たちのいる工房に向かいました。

「今日はみんなと一緒に展覧会のお祝いがしたいんだ」と、父は黒人の職人たちを食事に誘いました。しかし、レストランに行っても、父が利用できる店に黒人は入店できず、逆に黒人が利用する店に父は足を踏み入れることができませんでした。アパルトヘイトはどこまでも父たちを分断したのでした。

最終的に近くの酒屋で、「ブラック＆ホワイト」というウイスキーを買って、ようやくそばの公園で祝杯をあげられました。

ヨハネスブルグ大学での仕事がすべて終わってから、ともに働いていた職人の一人が父の肩をそっと叩きました。

「ムツオ、本当の南アフリカを見たいか」

「ぜひ見せてくれ」と、父は即答しました。

その夜、父とペア・リュッケンさんは、とある鉱山にこっそりと案内されました。金、プラチナ、ダイヤモンドなど南アフリカで多くの埋蔵量を誇る鉱物資源の採掘に当たっているのも黒人の労働者でした。父らは職人と一緒に鉱山の地下作業場に下りていきました。

じめじめとした暗くて狭い採掘現場、コンクリートのベッドが所狭しと並ぶ宿泊スペース、危険な環境の中で黙って働き続ける男たち。父がそこで目の当たりにした光景は〝地獄〟そのものでした。

「同じ人間なのに、こんなに不公平に扱われるなんてあり得ないだろう」と、父は怒りに震えました。その怒りは一生、父の中から消えることはありませんでした。

デンマークに帰国後、父はまだ幼かった僕たち兄弟に、南アフリカでの体験を語り聞かせました。父の全身は怒りでぶるぶると震えていました。

特に鉱山での経験は父にとってトラウマになってしまい、帰国後に重いうつ状態に陥ってしまいました。

父は数カ月ほど寝室に閉じこもるようになってしまいました。まだ小さかった僕と清史にとって、それはとても長くて寂しくやるせない時間でした。

「聡！　きよ！」

ある日、寝室から出てきた父が、久しぶりに大声で僕たち兄弟の名前を呼んでくれました。そして父は、僕たち兄弟を目の前に座らせてから、人種差別や不正に対する悔しさと怒りの気持ちをあらためて話してくれました。

SDGsにも「10　人や国の不平等をなくそう」という至極当たり前の目標が掲げられています。でも、そんな当たり前のことでさえ、父が生きていた当時はもちろん、今の世界でも実現されているとは言えません。

アパルトヘイトの残酷さは僕たちの胸に深く刻まれました。そして、子どもながらに、「将来は必ず南アフリカの人たちのために何かをしたい」との思いが僕の中に芽生えたのです。

本書の後半でも詳しく語りますが、その思いは二〇一〇年から「ザ　イノウエブラザーズ」が取り組んだ南アフリカのビーズ細工を使ったプロジェクトとして形になります。

教育の力

僕にとって、デンマークで育って良かったと感じる点の一つが、同国の教育の質の高さです。公教育にかかる費用は基本的にはすべて無料で、家庭の経済状況にかかわらず、国民には教育を受ける機会が保障されています。そのおかげで僕自身も、父が亡くなり家計が苦しくなってからも、高校とデザイン学校へ進学することができました。

また、ジェンダー（文化的・社会的役割としての性）平等や、セクシャルマイノリティへの理解、あるいはフェアトレード（公正・公平な取引）など今の世界の経済・ビジネスで大切にされている考え方を、デンマークの学校では当時から先進的に教えていました。

ＳＤＧｓには「４　質の高い教育をみんなに」とあります。ＳＤＧｓが求める教育とは、そうした学校教育を念頭に置いたものであると思います。それに加えて、子どもにとって〝最も身近な教師〟とも言える親からの教育も個人的には見逃せません。

僕にとって幸運だったのは、ガラス作家である父を通して得られた、多くの芸術家との出会いでした。世界的なジャズピアニストのハービー（ハンコック）もその中の一人です。

父の友人はみんな個性的な人たちで、人種もセクシュアリティも多種多様でした。白人と黒人が仲良く語り合う姿も自然の光景でした。我が家に来た同性のカップルが、「君たちのお父さんはすごくハンサムで、もしゲイだったら結婚したかったよ」と、子どもだった僕に話したこともありました。そんなオープンな環境で育ったこともあり、「人種の垣根なんて存在しない」「性とはグラデーションで区切りはなく、愛情表現にはさまざまな形がある」といったことを僕は自然に理解したのです。

幼少期から思春期にかけての貧しかった暮らしの中で、両親が本当に幸せそうにしていたのは、芸術家の仲間たちをホームパーティーに招いた時でした。近隣の人も招いて、遅くまでみんなで一緒に楽しんでいました。

そういった日は僕たちも夜中まで起きていました。僕たちにとってそれは、自分が子どもであることを忘れるようなひと時だったのです。今振り返ると、それは人種、ジェンダー、大人と子どもといったさまざまな垣根が取っ払われる瞬間だったようにも思います。表面的な差異などを超えて、両親が多くの人たちと深い友情を結ぶ姿から、自然と多くのことを感じ取っていた気がします。

その他、両親から学んだことでいうと、僕の心に強く残っているのが、ＨＩＶ（エイズの原因となるウイルス）感染症に関連した同性愛者への差別の問題です。

一九八〇年代から九〇年代にかけて、HIVの感染者数が世界的に増加しました。男性同士の性交渉が主な感染源の一つにあげられたことから、ゲイへのあからさまな差別や偏見が社会問題となりました。「同じプールに入るとHIVに感染する」といったものから、「手をつなぐだけでも感染する」といったひどい誤解が蔓延していました。

そうした時代でも、父は家に来たゲイの友人たちをハグで出迎えて、お互いの頰《ほお》にキスをし合っていました。実は父の友人の中には、エイズを発症して亡くなった人がいました。だからこそ、父はHIV感染症について自ら学び、深く理解していたのです。そうした父の姿を見て、「差別や偏見は無理解から生まれる」ということを僕自身も自然のうちに学びました。

教育や学習に関連して、読者にお伝えしたいことがあります。それは語学の重要性です。僕は、英語、デンマーク語、そして日本語を話します。そして今は、仕事で使うために、スペイン語を学んでいる真っ最中です。

〝クリエイティブの力で社会を変えたい〟〝世界を平和にしたい〟と考えている人は、必ず英語をマスターしてほしいと思います。

英語は、世界の人とつながるために絶対的に必要な言語です。信頼関係を築くにも、仕事を成功させるにも、共通言語がどうしても必要になります。言語を学ぶことが苦手と感じている人も多いと思いますが、目標・目的が明確になれば学びの質・スピードはぐっと上がります。

英語がどうしても苦手という人がいるなら、他の外国語でも構いません。一つでも、自信を持って話せる外国語を習得してほしいと思います。それが、人生の新たな扉を開くことになります。

父と過ごした最後の三カ月

僕の人生には決して忘れることのできない大切な三カ月間があります。それは父が亡くなるまでの三カ月間、毎日病室に通い詰めた時間です。

父は若い頃から無理な働き方と過度の喫煙・飲酒を重ねてきて、四十四歳にして体は悲鳴を上げ、特に肝臓をかなり悪くしていました。僕が十五歳の時に父は倒れてそのまま緊急入院。動脈瘤《どうみゃくりゅう》手術が上手くいかず、一度は医師から、「七時間以内に井上さんは亡くなります」と伝えられました。入院した父はさまざまな治療薬を投与され、副作用で幻覚を見ながら意味不明なことを口にしていたような状況でした。当時中学三年生だった僕と中学一年生だった清史は、医師の話すデンマーク語をはっきりと理解できたため、心の準備もしていました。

しかし、その時は、ある奇跡が父を救いました。

父が入院していた病院に、父の病状にも有効だと言われている開発されたばかりの新薬を持っていた医師が偶然いたのです。医師らの了解を得て、藁《わら》にもすがる思いでそれを試したところ、父は危機的状況を脱したのでした。そんな奇跡を目の当たりにして、僕たち兄弟は心の底から驚き、母は声を上げて泣いていました。

とはいえ、父の病が根本的に治癒《ちゆ》したわけではありません。小康《しょうこう》状態だった父は入院生活を続けました。

父が入院して数日が経った頃、母がいつにもまして真剣な表情で、僕にこう告げました。

「これから毎日、学校が終わったら聡は病院に行きなさい。お父さんから聡に大切な話があるの」

この頃の僕は、友達と遊ぶことや、好きな女の子のことを考えているような、どこにでもいる中学三年生の男の子でした。病院に行くよりも楽しいことがたくさんあったし、父が入院したことがどこか恥ずかしいとさえ感じてしまうような未熟な年頃でした。

翌日の放課後、母に言われるがまま僕はしぶしぶ病院を訪れました。

僕が病室に到着すると、父はベッドからゆっくりと上体だけ起こして、じっと僕の目を見つめました。そして、「これから話すことは、いつか清史にもきちんと伝えてくれ」と言い、父と僕の二人しかいない病室で静かに語り始めました。

どうして自分だけがここに呼ばれたのか。父の話に耳を傾けながら、僕の心は混乱していました。それまで僕は〝父は一度、あの絶望的な状況を乗り越えたのだから、きっと元気になって家に帰ってくるはずだ〟と強く信じていました。しかし、目の前で声を振り絞るようにして語る父の姿を見て、その確信が揺らぐのを感じたのです。

その日から放課後の病院通いが始まりました。

デンマーク女王マルグレーデ2世にガラス工芸を実演する父・睦夫

当時、僕は決して一つ一つの話をすべて記憶しようと思って聞いていたわけではありませんでした。むしろ、意味が理解できない話のほうが多かった。それでも、後年に壁にぶつかって行き詰まりを感じたりした時などに、病室での父の言葉をふと思い出すことが何度もありました。

たとえば、勉学に関して、父は、なぜ学ぶことが大切なのかを噛み砕いて話してくれました。

「〝学は光〟なんだ。学ぶことで、人は変われる。学ぶことで、深い人生を生きることができる。ガンジーが残した言葉に、『明日死ぬかのように生きよ。永遠に生きるかのように学べ』とある。聡も一生涯、学び続けるんだよ」

さらに父は、ゲーテ、ダンテ、ドストエフスキーといった文学者や、プラトン、デカルト、カントなどの哲学者など具体的な名前をあげ、一流の作品や思想に触れることの重要性を懇々と語りました。そこには〝世界で通用する一流の人間になるんだ!〟との強いメッセージがありました。

僕がデザイナーになることを志した時には、父の芸術に対する次の言葉を思い起こしました。

「芸術というのは、それを見たり、聴いたり、味わったりした人たちの〝生命のレベル〟を上げるものでなければならない。社会にポジティブな影響を生み出す、人間の心をつかむ芸術を作るんだ」

「ザ イノウエブラザーズ」のすべてのプロジェクトにおいても、この言葉は大切な基準となっています。

ビジネスに関しても、父は大切なメッセージを残してくれました。

「本当に重要なのは、どれだけお金を儲けるかではなく、どうお金を使うかなんだ。お金は、人が前に進むための燃料のようなもの。一人で貯めこむのではなく、自分がマイナスになってもよいくらいの気持ちで、周りに分けていくんだ。そして、そのことに対して不満を抱いたりしてはいけないよ」

また、母への思いを重ね合わせながらジェンダー平等についても語ってくれました。

「君もそろそろ、女の子に興味を持ち始めると思う。忘れてはいけないのが、全人類の半分は女性であり人間全員が女性から生まれた。女性ほど大事な人はいないのに今でも一番差別されている。ガンジーのインド独立運動やマーチン・ルーサー・キングの人権運動も女性たちが一番の原動力だったし、命をかけて先頭に立って闘っていた。女性をリスペクトし、しっかり支えていかないと、世界はポジティブには変わらないよ。ちゃんと尊敬するんだぞ」

その他にも、キリスト教やイスラム教といった世界宗教にも話題は及びました。特にキリスト教については、「西洋文明の根幹として人類の発展に多大な貢献をしたし、人類が誇るべき数多くの文化を生み出してきた。ただ、同時に多くの問題も持っている。彼らは自分とは異なる価値観を持つ相手に対して、極めて攻撃的な姿勢をとることがある。それはヨーロッパが行った植民地政策によく表れている。また、キリスト教では、『自然はあくまでも人間が支配するもの』と捉えられることもあった。その自然観が現代の環境破壊や公害問題にも影を落としているんだ」と洞察しました。

また、イスラム教については、「人々がムスリムを恐れるのは無知から来ている。彼らの歴史を学べば、イスラム教がいかに異文化に対して開かれた姿勢を持っているかがよく分かるよ」と、イスラム教の多様性に富んだ精神文化を高く評価していました。

父は文字どおり毎回、命を削るように一時間ほど語り続けました。話し疲れた父がベッドに横たわって、眠ったのを確認してから、僕はそっと病室を抜け出して帰宅しました。

父は残された時間の中で、大切なことを一つでも多く僕と清史に語り残したかったのでしょう。病室での父は、僕を十五歳の子どもとは見なさず、一人前の大人として語りかけてくれました。

三カ月が経ち、父がこの世を去った時は、父が二度死んだような感覚で、大変なショックを受けました。僕が今でも病院という場所を苦手に感じるのは、この時の辛い記憶と深く結びついているからかもしれません。

当時は、この三カ月間がどれほど貴重な時間なのかが僕には全く分かっていませんでした。父の死を本当に受け入れられるようになるまで、そこから長い時間を要しました。自分の人生や、会社の経営で迷った時、心で何度も父と対話を重ねる中で、次第に父の死を受け入れられるようになったのです。それは同時に、僕の胸中で父が永遠に生きていることを悟った瞬間でもありました。

父と過ごした最後の三カ月で、父から教わったことは、僕の人生においても、井上兄弟にとっても、羅針盤のような存在となっています。

家族が教えてくれること

皆さんにとって、家族とはどういった存在でしょうか。

読者の中には、家族と良好な関係を築いている人もいれば、家族との関係で悩んでいる人もいるかと思います。さまざまな家族の在り方があって良いと僕は思います。

「井上兄弟にとってお父さんは〝神様〟のような存在ですね」

メディアからの取材を受けていると、たまにそう言われることがあります。けれども、僕が父を心から尊敬できるようになったのは、父が亡くなってからずっと後のことです。もっと正直に言えば、父が亡くなった時、僕の中では悲しみよりも怒りのほうが大きかった。

「どうして俺たちを残して早死にしたんだ」「俺たちのために長生きしてくれよ」

――そんな屈折した思いを何年も抱えて生きていました。だから、十五歳の僕が父への思いを聞かれたら、きっと答えに窮《きゅう》していたはずです。

父の死は、「生きるとは何か」という大きな疑問を僕に投げかけました。

長い間、僕はそのことについて自問自答を繰り返しました。そして、十年以上の時間をかけて、ようやく自分なりの考えを言葉にすることができました。

死は人生における最大の恐怖です。それを乗り越えるために必要なのが勇気です。勇気とは怖いものがないことではなく、怖さに立ち向かっていくこと。この人生を最後の瞬間まで全力で生き切るためには、勇気が必要なのです。

生前、父が大乗仏教の経典である法華経に出てくる〈衣裏珠《えりじゅ》の譬《たと》え〉と呼ばれるたとえ話を僕にしてくれたことがあります。

ある貧しい人が親友の家で酒に酔って寝てしまった。親友は彼の衣の裏に無価《むげ》の宝珠《ほうじゅ》（価がつけられないほど貴重な宝石）を縫いつけ、出かけていった。目を覚ました貧しい人は、それに気づかず、衣食を求めて他国を放浪するも困窮した。やがて親友と再会して、衣の裏の宝珠のことを知らされた。

このたとえ話の宝珠は、すべての人々に本来的に備わっている「仏性」（尊極無上の生命）を表しますが、僕にとってそれは父が命の限りを尽くして語り残してくれた数々の言葉をはじめ、小さい頃から家族が伝えてくれた一つ一つの大切なメッセージであるように感じています。そこから、僕は無限の勇気を取り出だすことができます。

自分では気がつかないうちに、僕は家族から人として大切なことをたくさん教わっていたのです。

自分が家族から受け取ったものの本当の価値に気がつくには、時間がかかるものなのかもしれません。

今、僕も清史も結婚して子どもが生まれました。自分が親になって初めて、父の亡き後、母がどれだけ大変な思いをして僕たちを育ててくれたかを本当に身に染みて感じています。母はすごいです。母への感謝と尊敬の念は年々強くなります。

第2章　デザインへの目覚め

ヒップホップとＳＤＧｓ

父が亡くなった時、僕は高校入学を間近に控えていて、清史はまだ中学一年生でした。母はシングルマザーとして、育ち盛りの僕と清史を育ててくれました。

父の死を境に、我が家の家計はより一層厳しさを増しました。同時に僕の中では貧しさへの反発から、「絶対に他人に負けたくない」とハングリー精神がむくむくと大きくなっていきました。家族を置いて先立った父に対する怒りや寂しさが入り交じった、屈折した感情を抱えながら、僕は思春期を過ごしていました。

そんな思春期を過ごしていた僕にとって、心の支えとなっていたものがありました。それがヒップホップです。

ヒップホップは、一九七〇年代にアメリカ社会の中で不条理な扱いを受けてきた黒人の若者たちの間から生まれた音楽です。ルーツをたどれば、ブルースやジャズといった自由を求める黒人音楽へとつながっていきます。経済的に貧しく、さらにマイノリティとしてデンマークで育った僕と清史は、ヒップホップの精神に強く共鳴しました。

九〇年代に入って、ヒップホップカルチャーは若者を中心に世界的に広がりました。特に、社会に対して怒りを持っていたり、親との関係で悩んでいたりする人たちの〝声〟を、ヒップホップは代弁しました。当時、第一線で活躍していたN.W.Aやウータン・クランといったグループの楽曲を、僕は今でもよく聴きます。

ヒップホップの根底には社会への怒りや不平があるので、時にアグレッシブな表現をすることも確かにあります。しかし、ヒップホップはそうした感情を、あくまでも音楽という非暴力の手段で訴えることで、人の心を動かし、社会に変革の波を起こしていきます。そして常に社会で虐《しいた》げられている人たちの側に立ち続ける。ヒップホップの根底に脈打つそうしたジャスティス（正義）に僕は強く惹かれました。

ヒップホップカルチャーで大切な要素の一つが「グラフィティ」です。グラフィティとは、スプレーやマーカーを使って、街の壁や高架下などのスペースに描かれた絵やメッセージの総称です。ルールという視点から見ると、グラフィティのような一般的には落書きと認識されるものは違法行為であることに間違いありませんが、それは声を上げられない社会的弱者が自己を表現する手段として使われることがあります。SDGsの観点から捉えると、「10人や国の不平等をなくそう」を訴える感覚がグラフィティにはあったのだと思います。

近年では、世界各地のストリートに突発的に現れて社会風刺などの絵を描く「バンクシー」のグラフィティ作品が有名です。二〇二二年、ウクライナの首都キーウ近郊で作品を描いたとの報道で、目にしたことのある人も多いかと思います。

元々、僕は小さい頃から絵を描くことが大好きでした。僕たちが子どもの頃、アニメの『ドラゴンボール』が流行っていて、デンマークに住む日系人の間でも大人気でした。今のように動画配信サービスなどない時代です。長期休みに日本の親戚の家を訪れた際には、週に一回のアニメ放送を見るのが何よりの楽しみでした。

作者の鳥山明先生に憧れていた僕は、とにかく〝ドラゴンボール風〟の絵を描きまくっていました。当時のデンマークでは、日本の漫画カルチャーはまだ広く認知されておらず、アニメーションや漫画といえばディズニーを思い浮かべる人がほとんどです。そんな状況だったので、僕の描く絵は友達の間でちょっとした評判になりました。

中学生になってヒップホップと出会った僕は、先のグラフィティに強い関心を抱くようになりました。

僕自身はグラフィティを実際に描くことはしませんでしたが、僕が通っていた高校の先輩には、のちにデンマークで「グラフィティのレジェンド」と称されるようになる人たちがいました。

先輩たちの活動に興味を持っていた僕は、例のドラゴンボール風の絵をたくさん描いたスケッチブックを持って彼らのもとを訪ねました。そして、「これ、どう思う?」と一ページずつめくりながら作品を見せました。

「すごくかっこいいじゃん! 今度真似して描いてみるよ」と、先輩たちは僕の絵を気に入ってくれました。

人に褒められたことで、僕も自分の絵に対する自信が生まれました。この頃から、アートや芸術の世界への関心が徐々に高まっていったのです。ちなみに、グラフィティアートのテイストは、「ザ イノウエブラザーズ」の製作するTシャツのデザインにも反映されています。

「ザ イノウエブラザーズ」の〝ファースト・プロダクト〟

父が亡くなった後、清史は地元の不良グループとつるむようになり、生活が荒れてしまいました。心根は純粋な弟なので、人に迷惑をかけるようなことはしませんでしたが、母は清史の変化を心配していました。

そこで、母は清史を地元の高校ではなく、家から少し離れたところにある公立高校へ通わせることにしました。この高校は富裕層の子どもたちが通うことで知られていて、母は清史を落ち着いた環境の中に置きたいと考えたのです。

ところが、そこで一つの困難に直面します。清史の通う高校は、毎年冬になるとアルプスにスキー旅行に行くことになっていました。問題は、そのスキー旅行にかかる費用は学校ではなく、各家庭が負担しなければならなかったことです。

我が家には、スキー旅行に行くためのお金を出す余裕などありませんでした。しかし、清史としてはクラスメートと一緒にスキー旅行にどうしても行きたかったのです。

そこで清史は、僕にあるアイデアを持ちかけてきました。

「兄ちゃん、俺はクラスメートにスキー旅行用のユニホームとして、Tシャツとスウェットシャツを作るよ。それを商品化してみんなに買ってもらって、スキー旅行の費用にしようと思うんだ。そのユニホームのデザインをお願いできないかな」とアイデアを披露しました。「ザ イノウエブラザーズ」の〝ファースト・プロダクト（製品）〟の企画が生まれた瞬間です。

早速、僕たちは手分けして作業に取りかかりました。清史は、デザインのプリントから生産までを引き受けてくれる企業を探し、僕は例のドラゴンボール風の絵でオリジナルのデザインを考案しました。たしか、スキーを楽しむキャラクターの絵の下に、グラフィティのスタイルで高校の名前と日付を描きました。当時の僕の〝好き〟を詰め込んだ作品です。

こうして振り返るときちんと計画的に進めたかのように見えますが、実際にはわくわくに突き動かされるままに行動していました。

ユニホームを生産するためには、まとまった量を発注する必要がありました。その分の初期費用は自分たちで事前に立て替えなければなりませんでしたが、そんなお金はどこにもありません。そこで清史が機転を利かせ、スキー旅行に参加する学生の人数などから予想される売り上げを算出して、その数字をもとに担当者と交渉し、なんと後払いの約束を取りつけたのです。清史の交渉能力の高さには僕も舌を巻きました。

すべての段取りが済んで、後はユニホームが完成するのを待つだけです。興奮と同時に本当に売れるのだろうかという不安も胸に抱えながら、僕たちはユニホームが届く日を待ちました。

そして、待ちに待った納品日。完成したTシャツとスウェットシャツは、清史のクラスだけでなく、他のクラスの人たちの間でも大きな話題になりました。蓋を開けると、牛産した分はすべて売り切ることができ、この企画は大成功を収めました。その年だけでなく、翌年も同様に新しいユニホームを製作して販売し、清史は無事にスキー旅行に参加することができました。

清史が高校三年生になると、スキー旅行は全員参加の行事から、任意参加の行事へと変わりました。同校の生徒だけでなく、希望するのであれば、家族や友人も参加できるようになったのです。そこで、僕と清史は例年以上に力を入れてユニホーム製作と販売に取り組み、なんとその年には、ユニホームの販売利益で、僕も一緒にスキー旅行に参加することができました。二人でいると楽しいことは倍になる――まさに父が言ったとおりでした。

僕たちは自分たちで何か表現したいという気持ちからモノ作りを始めるのではなく、最初に解決したい問題やニーズがあって、そのソリューション（解決法）としてプロダクトを作ります。「ザ イノウエブラザーズ」の製品は、そのように生み出されてきました。スキー旅行の一件もまさにこれと同じ構図でした。

何か問題に直面したら、僕と清史、そして会社のメンバーと何度も話し合って、一緒に解決方法を考え、それをプロダクトに落とし込みます。それが自然とできるのは、僕と清史が子どもの頃からずっと何か問題があったら二人で考えてきたからだと思います。問題を解決する時には、一人で考え込むより仲間と考える癖をつけることは重要だと思うのです。

スタイルは大量生産できない

元々僕たちはファッションが大好きでしたが、将来、清史と一緒に服作りをしようと考えたことはありませんでした。むしろ、服作りなどの経験を通して、僕の中ではデザインやアートといった領域への関心がますます強くなりました。

そしてこの頃、僕と清史を〝ファッション業界〟から遠ざけることになる、決定的な事件が起きました。

この頃の僕たちはヒップホップのカルチャーにどっぷりと浸かっていました。ヒップホップのファッションにおいて重要なアイコン（象徴）となるのがスニーカーです。世界中のヒップホップに熱中する人たちは、自身のお気に入りのスニーカーを見つけ、それぞれのスタイルで履きこなしていたのです。そこで最も人気のあったブランドの一つが「ナイキ」でした。もちろん、僕たちも自分のお気に入りのスニーカーを集めることに熱中していました。

そんな中、ナイキが就労年齢に達していない子どもたちを自社の工場で強制的に労働させていた、いわゆる児童労働の問題が九〇年代に明るみに出ました。小さい子どもたちが奴隷のように働かされるショッキングな映像は、各国のマスメディアでも大きく報じられ、ナイキに対する世界的な不買運動にまで発展しました。

その映像はデンマークの国営放送でも大々的に報じられました。それを見た僕はショックで言葉を失うとともに、激しい怒りから体の震えが止まりませんでした。ヒップホップは本来、弱い立場の人間の側に立つ音楽であり、カルチャーです。そのカルチャーを支えるスニーカーを作る企業が、まさに弱い立場にある子どもたちを搾取《さくしゅ》していたのです。さらに僕たちにとってあの映像は、自分が子どもの頃に感じたマイノリティとしての苦しさをフラッシュバックさせるものでもありました。

同じ時期には、他のファッションブランドでも同様のスキャンダルが相次いで報じられました。そうした報道を見るにつれ、僕と清史はファッション業界に対して心底失望しました。商品のコストを下げるために大量生産を前提としたり、賃金の安い国の人たちを搾取したりするような従来のビジネスモデルに反発を覚えたのです。まさにSDGsでも問われている「1 貧困をなくそう」や「10 人や国の不平等をなくそう」といった問題意識が、当時の大手ファッションブランドには著しく欠けていました。そうした経緯から、「俺たちは絶対にファッション業界で仕事はしない」と、心に固く誓ったのでした。

当時も今も、僕はファッションそのものは大好きです。ファッションには不思議な力があります。たとえば、スーツを着るとシャキッとした気持ちになったり、パジャマを着るとリラックスしたり、服は着る人の肉体と精神に深い影響を与えます。もちろんそのことも大事ですが、僕たちが重視しているのは、その先にあるものです。

それは、その服を着たことで、最終的にその人の内面に良い変化が生じることです。たとえば、アルパカの毛の上質な柔らかさや温かさの感動をきっかけに、それを生み出した生産者の現実、フェアトレードの重要性、気候変動の問題など何かが伝わることで、着る人の内面に少しでも変化が生じるかもしれません。そこで生じた変化の積み重ねが、社会変革につながるはずです。

その一方で、〝ファッション業界に対する反発心〟は、今も僕の中に残っています。「大量生産・大量消費」を前提としたビジネスモデルや、それを支えるために人や環境が消費され続ける構図、あるいはマーケティング戦略の一環として行われる派手なショーなど、ファッション業界には変わらなければならない点が多くあると思っています。

Style can't be mass-produced...（スタイルは大量生産できない）——これは「ザ イノウエブラザーズ」が一貫して大切にしているコンセプトです。本当のスタイル、本当のかっこよさは、大量生産の中からは生まれません。ましてや、弱い立場にある人を利用することで成り立つようなビジネスから生まれるはずがありません。人や環境を大切にしながら、本当に良いものを作り上げていくには、どうしても手間をかける必要があります。クリエイティブと手間は切り離せないものなのです。

デザイン学校への入学と退学

前述したように母からの猛烈な反対があったものの、高校を卒業する直前にデザインの道に進むことを決めた僕は、卒業後にデザイン学校への進学準備のため、サバットイヤーの期間（日本でいう浪人生の期間）を取ることになりました。

どうせならトップの環境に身を置いて勉強したい。そう思った僕は、リサーチした末に、デンマーク王立芸術アカデミーに属するコペンハーゲンデザイン学校を目指すことにしました。一七五四年に創立されたデンマーク王立芸術アカデミーは、特に音楽や建築の分野で世界的に活躍する多くの著名な卒業生を輩出している大学です。デンマーク王立芸術アカデミーの長い歴史の中では、コペンハーゲンデザイン学校はまだ新しい存在ではありますが、社会的には十分に評価されていました。

サバットイヤーの期間は、さまざまなアルバイトをしながら、進学のための準備をしました。インターネットがまだ普及していない頃で、また学業面でのアドバイザーがいなかったため、アルバイトの合間を縫って、いろいろな人に相談をしながら進学のための情報を徹底的に集めました。コペンハーゲンデザイン学校に実際に通う生徒と会い、直接質問もしました。

リサーチの結果、同学校には厳しい入学試験があることが分かりました。デンマークでは一般的に高校の成績で進学する大学が決まるため、これは例外的なケースでした。さらに入学試験では、受験者がどれくらいのスキルを持っているのかを測るために、自身の作品や展示歴などをまとめたポートフォリオ（作品集）を提出しなければならないことも分かりました。おまけに、入学試験で一発合格は難しく、二、三回の不合格が当たり前だということも判明したのです。

少々面食らったものの、やれるだけのことをやってみようと試験に向けて準備を進めていきました。幸いにも、この時に知り合った現役の学生たちはみんなとても親切で、ポートフォリオの作り方なども丁寧に教えてくれました。ポートフォリオを作るにあたって、自分が具体的にどの分野のデザインを扱っていくかを考えなければなりませんでした。考えた末に、自分が最も関心を持っているグラフィックデザインを扱うことに決めました。実はこの頃、父も若い頃に日本でグラフィックデザインを学んでいたことを知り、自分の選択はある種の必然だったのだろうと僕は感じました。

入念に準備を重ねて迎えた入学試験の当日。自信があるわけではなかったものの、全力を出し切った結果、一発合格を勝ち取ることができました。こうして僕はデザイナーへの道のスタートを切りました。

コペンハーゲンデザイン学校の一年次では、ベーシックイヤーというカリキュラムが組まれていました。さまざまな分野のデザインの基礎を学び、その中で自身の専門分野を決めるというものです。僕自身は、ベーシックイヤーが始まる前に、自分は将来グラフィックデザイナーになると決めていました。

そのベーシックイヤーでは、二カ月にわたってグラフィックデザインを勉強する期間がありました。僕にとって自信のある分野だったこともあり、毎回の授業では意気揚々と課題を提出していました。自信にあふれていた僕は、どんどん気を大きくしていきます。

当時の僕には、憧れのグラフィックデザイナーがいました。デイビッド・カーソンです。今でこそグラフィックデザイナーの中ではレジェンドの存在ですが、当時はまだ知る人ぞ知る業界内の異端児でした。カーソンは、サーファーからデザイナーに転職した珍しい経歴の持ち主で、サーフカルチャーやスケートカルチャー、ストリートカルチャーも含め、アートシーンに大きな影響を与えた人物です。彼のデザインは一目見てカーソンが手掛けたと分かるほどに個性があります。僕はカーソンのクラシックなデザインよりも、特に尖ったデザインを好みました。

カーソンに深く傾倒していた僕は、授業で出されるどんな課題に対しても、カーソンのテイストを忍ばせた作品を提出していました。たとえば、自分の描いた絵を一度ＦＡＸで送って、出力されたものを切り抜いてコラージュ（再構成）し、そのコラージュをもう一度スキャンして、その上からペンキを塗って、といった手の込んだことをしていました。

ある時、授業で出された課題は、新聞記事を作るというもの。フォーマルなテーマである にもかかわらず、僕はカーソンを意識して自分のやりたいままに課題を完成させました。作品を手に自信満々で現れた僕とは対照的に、先生の表情は曇っていました。

「この記事が新聞に載っても、誰も読むことができないではないか。それはデザインではない」と、先生は厳しく僕を注意しました。先生の指摘するとおり、それは読み手の存在を無視した、自己満足の作品でした。今思うと、実に恥ずかしい限りです。

けれども、その当時の僕は、素直に人の意見に耳を傾けられない傲慢《ごうまん》な青年でした。なんてセンスのない先生なんだろうか。ガツンと言い返さないと腹の虫がおさまらない。

「先生、これがかっこいいんですよ。アメリカではこれが人気なんですよ！」と反発する始末でした。先生にとっても手の焼ける生徒だったと思います。僕自身まだ若かったこともありますが、父が亡くなってから、自分の中に消化できない怒りやフラストレーションを常に抱えていたことも関係していました。

そんな調子だったので、その二カ月間、僕は何度も先生とぶつかり合いました。そして、とうとう耐え切れなくなって、「こんなくだらない勉強をいつまでも続けることはできない」

とデザイン学校を辞めてしまいました。結局、一年かけて入学した学校をたった二カ月で去ることになりました。

のちにデザイナーとして仕事をするようになってから、デザイン学校で学んだことの大切さを認識することが何度もありました。後年、先生と再会した際に、当時の思い出を笑って二人で振り返ることができたのがせめてもの救いでした。

デザイナーデビュー

若気の至りからデザイン学校を退学したものの、「お母さんにだけは迷惑をかけてはいけない」という思いはありました。また、その頃僕はすでに二十歳になっていました。大人として行動の全責任は自分にあるとの自覚をより一層強くしている時でした。

悩んだ末、清史の親友のおじさんが広告代理店を経営していることをふと思い出しました。早速、その友人にコンタクトを取って、「おじさんの会社で面接してもらえないか」と直談判し、面接の約束を取り付けました。

その面接には、デザイン学校の入学試験のために作ったポートフォリオと授業の課題で制作したクラシックなデザイン、そして自分の趣味全開のパンクなグラフィックデザインを、それぞれを整理して持っていきました。そして、「給料はいらないので、インターンシップで働かせてください」と頭を下げました。

面接をしてくれたおじさんは僕のことを気に入ってくれ、デザインにも一つずつ丁寧に目を通してくれました。そして、「この作風ならうちでも使えるんじゃないか」と指したのが、僕の趣味全開のパンクなグラフィックデザインでした。

その当時、世間ではアメリカの飲料会社やアパレル会社が発信するユースカルチャーに注目が集まっていました。MTVというアメリカ発のミュージックチャンネルが北欧エリアで放送を開始したのも同じ時期でした。若者らしいセンスが求められていた時代に、僕のグラフィックデザインが合っているのではないかと清史の親友のおじさんは考え、僕をインターン生として採用してくれました。

間もなく広告代理店でのインターンシップが始まりました。インターン生として、こまごまとした事務作業を行うかたわらで、社員にコーヒーをいれたり、コピーを取ったり、FAXを送信したりといった雑務も率先して行いました。それらが一段落ついた後で、会社のコンピューターを使わせてもらって、夜までグラフィックデザインの腕を磨きました。当時、コンピューターはかなり高価でなかなか買えない時代だったので、会社の最新モデルのコンピューターを自由に使わせてくれたことは大変にありがたかったです。

最初は、社員の先輩たちが帰る時間に合わせて僕も一緒に帰宅していました。でも、本音ではもっと遅くまで残って作業し、自身の腕を磨きたいと思っていました。いつしか先輩の一人が、僕がみんなに合わせていやいや帰宅していることに気がつき、「サトルは信頼できるから、会社の鍵を渡すのはどうだろうか。サトルはもっと会社に残りたいようだし、自分たちも遅くまでサトルを待ちたくはない」と提案してくれたのです。そして、当時の上司たちもみんな賛成してくれました。まるで〝天国〟への鍵を手にしたかのような嬉しさがありました。

翌日から僕は誰よりも早く出社して、誰よりも遅く退勤するという生活を始めました。就業時間中はインターンの業務に専念して、その前後の時間で会社のコンピューターを使ってデザインの勉強と制作に励みました。

そんな中、ＭＴＶが北欧で広告キャンペーンのデザインコンペを開催するという知らせが会社に舞い込みました。コンペの優勝者は、ＭＴＶと広告デザインの契約を結ぶことができるというものです。すると、僕の日頃の努力を見てくれていたアート・ディレクターの先輩が、

「サトル、お前も何か送ってみなよ。分からないことがあれば何でも聞いてくれ」と、コンペへの挑戦を勧めてくれたのです。僕以外の応募者は基本的にはみんなプロのデザイナーです。普通なら尻込みするような状況かもしれませんが、僕としては挑戦できる喜びのほうが大きかったのです。

コンペへの挑戦を決めてからは、先輩たちにさまざまな質問を執拗にぶつけながら、僕は応募作品の制作に打ち込みました。締め切り間際には、僕の顔を見ると、先輩たちが避けようとするほどでした。本当に辛抱強くアドバイスしてくださったことに感謝するばかりです。

そうして迎えたコンペ当日。僕は初めて自分で作った広告キャンペーンのデザインのプレゼンを行いました。すべてのプレゼンが終了して、ＭＴＶが選んだのは、僕の考案したデザイン案でした。

僕自身とても嬉しかったのは言うまでもありませんが、それ以上にインターン先の先輩たちも自分のことのように僕の成功を喜んでくれたことがとても印象的でした。

この案件が始動してからは、僕の立場はインターン生からアシスタントに変わり、給与も支払われるようになりました。コピーを取ったり、コーヒーをいれたりすることもなくなり、正式なメンバーとしてプロダクトの製作に携わりました。試行錯誤を経て完成したプロダクトは好評を博し、ＭＴＶ直々に「次のプロジェクトもぜひ君に任せたい」とオファーをいただきました。

続く二回目のプロジェクトは、誰も僕のことを知らなかった一回目とは違って、先方からの要求や周囲の期待もあり、プレッシャーがかなりかかりました。プロダクトの質を上げる必要があり、とても苦しんだのを覚えています。それでも周囲の熱心なサポートもあって、二回目のプロジェクトも無事に成功を収めることができました。

気がつけば、アシスタントになってから一年半後にはジュニア・アート・ディレクターという若手が担えるトップの役職に抜擢されました。この頃には、ハンガリーのブダペストなど海外派遣も一人で任されるようになりました。僕のデザイナーとしてのキャリアはそのようにしてスタートしました。

振り返って不思議だと思うのは、もし僕があのままデザイン学校に通い続けていたら、コンペに参加することもなかったし、あの年齢でジュニア・アート・ディレクターのポジションに就くこともなかったということです。デザイン学校を辞めて良かったと言いたいのではありません。僕が伝えたいのは、仮に今あなたが何かに失敗したり、挫折したりしたとしても、その後もチャレンジを続ければ、それは決して失敗や挫折のままで終わらないということ。むしろ、時にそれらは自身が飛躍的に変われるチャンスにもなるということです。

清史、「ヴィダルサスーン」へ

僕がデザイン学校を退学して、広告代理店でインターンをしていた頃、高校生だった清史は卒業後の進路を模索していました。九〇年代のファッション業界のスキャンダルに触れて、僕と同様に清史もファッション業界への不信感は拭えない状態でしたが、ファッションデザインへの興味は持ち続けていました。

ファッションには自己表現が必要です。そこで、自分ができる自己表現として注目したのが「髪」でした。清史は美容師を目指します。

清史がそのことを母に伝えると、母の知り合いで世界的に有名なヘアサロンの「ヴィダルサスーン」で働く日本人の美容師がいることが分かりました。早速、母がその人に清史のことを相談すると、「本当に美容を学びたいのなら、ロンドンにあるサスーンアカデミーへの進学をお勧めします」とアドバイスをしてくれ、さらには進学のための手配もしてくれました。

サスーンアカデミーでの一年間の課程を修了すると、清史は先生たちから、「ヴィダルサスーンで働かないか」と声をかけられました。とはいえ、入社するのは決して簡単ではありません。まず半年間の研修期間で働きながらトレーニングを積み、その後に面接試験とカットの実技試験に合格しなければなりません。通常、スタイリストとしてお客さんの髪を切るには、店舗で数年間、アシスタントとして働いてからスタイリスト試験を受ける必要があります。清史には、通常の採用の流れよりも、はるかに短い期間で結果を出すことが求められていたのです。

半年間、夢中で頑張り抜いて迎えた採用試験の日。実技試験では「良いパフォーマンスを発揮できなかった」と落ち込んでいた清史でしたが、結果は無事に採用。しかも試験の担当者から、「カットの技術はまだまだだけれど、それは私たちが教えることができる。それよりも、君は芸術的センスが素晴らしい。それは私たちには教えられないものなんだ」と、最高の評価を得ることができたのです。清史の美容師としての本格的な歩みはここから始まりました。

ヴィダルサスーンに入社後、清史にとって大事な出会いがありました。入社後の半年間、別の研修プログラムを受けなければならなかったのですが、その研修を担当してくれた一人が、当時のヴィダルサスーンでトップの実力を備えたクリエイティブ・ディレクターでした。当時のヴィダルサスーンの研修プログラムにおいて、トップクリエイティブ・ディレクターが担当することは、ほとんどないことでした。

そのクリエイティブ・ディテクターは清史に興味を持ち、熱心に面倒を見てくれました。清史がスタイリストになると、その人は若手が主体のショーの責任者に清史を抜擢するなど、さまざまな機会を清史に与えました。そのたびに清史も全力で努力をして期待に応えてきました。

その結果、ヴィダルサスーン史上最年少の二十二歳で清史はアート・ディレクターの昇進試験に合格。その後も、ヴィダルサスーンのトレーニングの担当者に選ばれ、グラスゴーやエディンバラなどの新規店舗で働くスタッフの訓練を行うなど活躍しました。

僕も清史も小さい頃から感じてきた悔しさをバネにして、それぞれが望む分野で一定の社会的成功を摑《つか》むことができたのです。

才能よりも大切なもの

取材を受けたり、いろいろな人と話したりしていると、「『ザ イノウエブラザーズ』は豊かな才能で成功を収めてきた」と思われることがたまにあります。けれども、僕が思うのは、本当はみんな何かの天才だということです。そのことを自分が信じられるかどうか。それが大事です。

誰もが才能を持っている。だからこそ、失敗を恐れずに、自分を信じて挑戦してほしいと僕は思っているのです。それが目的地までの一番の近道なのです。もちろん、失敗をして恥をかいたり、傷ついたりすることが嫌だという気持ちはよく分かります。人知れず歯を食いしばって積み重ねた努力が実を結ばなかった時の悔しさは、僕だって味わいたくありません。

僕が自分の二十代を振り返って思うのは、若さとは「たくさんの失敗ができる期間」だったということです。

無給のインターン生として働いていた当時、毎晩ベッドに入るたびに、翌朝の仕事が待ち遠しくて仕方ありませんでした。客観的に見れば、当時の僕はやっとの思いで入学したデザイン学校を中退し、給料ももらえないインターン生として働いていて、ある意味では失敗の連続とも言える状態でした。でも、僕にとっては、デザイナーとしてこれほど恵まれた環境はないと思える本当に楽しい時期でした。そうした前向きな心のエネルギーが、自然と周りのメンバーに伝わったのか、たくさんの先輩が僕のサポートをしてくれました。

起業してからも、上手くいかないことのほうが圧倒的に多いです。〝今回ばかりはもう無理かもしれない〟という壁にも何度もぶつかりました。それでも諦めずに、努力し続ける中で、必ずと言っていいほど重要な出会いがありました。絶体絶命のピンチの真っ只中で、いくつもの不思議な出会いに恵まれていたのです。

挑戦を続ける限り、困難は次から次へと現れます。悩みや苦しみは、次のステップに進むための成長の痛みのようなものです。上手くいかなかった経験があるから、周りにも優しくなれる。試練があるから、より強い自分になれる。だから、失敗を恐れる必要など本当はどこにもないのです。

そうした前向きな心を持つ人のもとには、自然と信頼できる仲間が集まってくるというのが、僕のこれまでの人生における実感です。

僕は今でもハングリー精神にあふれた若い人に出会うと、サポートしたくて堪《たま》らなくなります。それは、前向きな心を持つ人が増えた分だけ、この世界はより明るくなると信じているからです。

SDGsの本質は〝感謝〟

僕たちが深く影響を受けているスカンジナビア・デザイン（ヨーロッパ北部　スカンジナビア半島周辺の地域で生まれたデザイン）。それのレジェンドと呼ばれるデザイナーたちには共通して、「Humanistic Design（人間的なデザイン）」という考え方があります。無駄を削ぎ落とし、余計なコストはかけず、なおかつ使う人に喜ばれる機能性と耐久性を備えたデザインに仕上げる。彼らのデザインは、どこまでもそれを使う人のことを想像し抜いたものなのです。だからこそ、今も世界中で多くの人々に愛されています。

彼らのデザインは、SDGsの本質を考える上で示唆に富んでいると思います。

「SDGsって、簡単に言えばどういうことですか？」

こうした質問を僕は日本の大学での講義や、メディアの取材などでよく受けます。「環境問題への取り組み」「人権意識を持つこと」……。真剣な表情で質問をする人の目をじっと見つめると、そうした〝大きい答え〟を求めているのではないかと感じることが少なくありません。そこであえて僕は次のように答えています。

「ＳＤＧｓって『感謝』のことなんです。その製品を作ってくれた人への感謝であり、それを運んでくれる人への感謝です。たとえば、一枚の服が出来上がるまでに、どのような人たちが、どういった環境で作ったのか。それが自分のもとに届くまでに、どれだけの人の手を渡ってきたのか。一つの製品に携わる人々のストーリーを知れば、きっと自分が買ったものを大切にできるし、長く使える本当に良いものを求めるようになります。感謝の心が想像力を育み、社会課題への関心、ひいてはＳＤＧｓの達成につながると僕は信じています」

ただ、一つ勘違いしてほしくないのは、僕は決してファストファッション（低価格で大量生産・販売するブランド）を買うことが悪いと言いたいのではないということです。それを必要としたり楽しんだりする人たちがいますし、そうした自由を否定するつもりは全くありません。

僕が問題視しているのは、長持ちしない安価な製品を大量に作ることによって生じる社会の歪《ひず》みです。

そのような問題を解決するために、「ザ　イノウエブラザーズ」はさまざまなプロジェクトを提案・実行しているのです。〝こっちのほうが絶対に楽しいな！〟と多くの人に魅力を感じてもらえる社会のビジョンを示したいのです。

僕たちの目指すサステイナブルな社会を作るには長い時間がかかります。その一方で、誰でも今すぐにできることもあります。それは今、自分がすでに持っているものを長く大切にすることです。

SDGsの達成は、僕たちのその心の変化から始まります。

第3章 「ザ イノウエブラザーズ」始動

自他ともの幸福を目指して

僕はグラフィックデザイナーとして、清史は美容師として、お互いに若くして業界のトップレベルに達することができました。僕は広告代理店から独立して友人たちと会社を立ち上げ、歴史や伝統のある企業を相手に仕事をするようになっていました。清史もヴィダルサスーンで一気に昇進を果たし、責任ある役割を担っていました。

しかし、すべてが順風満帆《じゅんぷうまんぱん》に進んでいるかというと、決してそんなことはありませんでした。

僕の会社では請け負う仕事の規模が大きくなるにつれて、投資家からの要望への応え方や、売り上げ目標の設定と達成など、会社の規模拡大に関する議論に長い時間を費やしていました。疲弊した体に鞭打《むち》って仕事に打ち込んでも、大切な何かを置き去りにしている感覚がどうしても拭えませんでした。同じ頃、清史は、ヴィダルサスーンがそれまでのクリエイティブ優先の企業方針を転換したことで悩んでいました。仕事で成功を掴んでも、僕たちは心から幸せや満足を感じることができなかったのです。

自分は何のためにデザイナーになったのだろう——がむしゃらになればなるほど、先が見えなくなるような苦しい日々が続きました。

そんな僕の目の前を照らしてくれたのは、父がかつて繰り返し語っていた「ビジネスと植物」の話でした。

「ビジネスは植物などの生き物の成長と同じなんだ。植物は他の植物と競い合い大きくなっていくように見えるが、個で存在していけるものではない。多くの生き物は、自分以外の周囲の生き物たちによって支えられて生きていく。ビジネスにおいても、一番大切なのは支え合い、周りの人を幸せにすることだ。会社を成長させることはもちろん大切だが、投資家の目を気にしたり、数値ばかりを追い求めたりすると、当初の目的を見失ってしまう危険性がある。本来、経済の原理も、大自然の法則に従うべきなんだ」

それが父の持論でした。

僕はそれまで自分が、「有名になってお金持ちになりたい」「周囲から認められたい」という気持ちでここまで生きてきたことを痛感しました。子どもの頃に貧困や差別を経験したことで、「絶対に負けたくない」と人一倍強いハングリー精神を持って、どんな環境でも歯を食いしばって努力してきました。その強すぎる闘争心が、どんどん視野を狭くし、いつしかエゴイスティックな自分を作り出していたのです。

僕は決して「成功することだけが本当の幸福ではない」などと言いたいのではありません。どんな分野であれ、ビジネスをする以上、生半可な覚悟と努力ではすぐに淘汰されてしまいます。その上で、大切なのは、「何のための成功か」「何のためのビジネスか」という根底の目的観を問うことではないかと思うのです。これはＳＤＧｓの「８ 働きがいも　経済成長も」にも通じています。「何のための経済成長か」を問うことを忘れて数値だけを追い求めてしまった結果、人類は今、気候変動の問題や深刻な貧富の差など、さまざまな形で現れた課題に直面しているのだと思います。

そんな中にあって、父の言葉は、人間（地球）と経済の関係をもっと広い視点から指摘していたのです。誰かを蹴落として、自分がのし上がっていくという弱肉強食の競争ではなく、より多くの人を幸せにしながら利益を生み出せるビジネスとは何かと、必死に知恵を絞る人道的競争。競争の原理を否定するのではなく、その力をより良い方向へ働かせていくことが大切なのだと、僕は父の言葉に触れて思うようになりました。

父の言葉は、両親が信奉していた日蓮仏法の「自他ともの幸福」という教えに基づいています。

仏法では、あらゆる事象は相互の関係性の中で存在していると捉えます。自分という存在も、個で存在しているのではなく、他人(周囲)との関係性の中で初めて見出されるものです。「自他」とは本来、切り離して考えられるものではない。したがって、「自分だけの幸福」も存在しなければ、「他人だけの不幸」も存在しません。立場の弱い人たちを搾取して自社の利益をあげたり、地球環境の破壊を前提としたりするビジネスモデルには、この視点が欠けているのだと思います。

僕の行き詰まりは、小さな自分のためだけに生きていたことにありました。これからは世界で本当に苦しんでいる人たちの力になれる仕事がしたい。それこそが、自分が本当に幸せを感じられる生き方だと思ったのです。

その日、僕はイギリスのグラスゴーの新規店舗で働いている清史に電話をかけました。

「お互いに今の仕事は辞めて一緒に会社を起こそう。自分たちの気持ちに正直に、嘘のない仕事をしたいんだ。父ちゃんに誇れる生き方をしよう」と伝えたのです。二〇〇四年の春のことでした。

「ザ イノウエブラザーズ」の〝ウラボス〟

清史に電話をしてから、僕は恋人のウラ（現在の妻）と一緒にグラスゴーに向かいました。そして三人で、歴史と文化の薫るグラスゴー大学を散歩しました。

爽やかな緑が広がるキャンパス内を歩きながら、これから立ち上げる事業の構想について、僕たちは意見を交わしました。

デザイナーの僕と美容師の清史、それにパターンメーカー（デザイン画をもとに型紙を作る人）としてファッション業界で働いていたウラのスキルを合わせ、お互いのネットワークを生かせば、社会問題の解決に貢献できるのではないか。デザインスタジオ「THE INOUE BROTHERS…（ザ イノウエブラザーズ）」はそんな三人の語らいから生まれました。

会社の資金は、僕と清史のそれぞれの本業で得た収入を充てることにしました。投資家から資金を集めると、彼らからの要望を無視できなくなり、自分たちのビジョンを実現できないと思ったからです。

「ザ イノウエブラザーズ」の立ち上げメンバーの一人であるウラは、デンマーク人の父と在日コリアンの母との間に神戸で生まれました。ウラは四歳まで神戸で育ち、彼女の父が帰国するタイミングでデンマークに移り住みました。

僕とウラが出会ったのは、僕がコペンハーゲンの最も古い日本食レストランでアルバイトとして働いていた十代の頃です。ウラも同じ店でアルバイトとして働いていて、意気投合した僕たちは、やがて交際するようになりました。

ウラはとても物腰が柔らかく、細かい気配りもできる人で、ウラに一度会った人はみんな彼女と友達になりたがります。もちろん、清史ともすぐに打ち解けました。

ウラと清史と3人で「ザ イノウエブラザーズ」創業を計画した日(グラスゴー大学のキャンパスにて)

僕が新しく事業を立ち上げることを考えていた時、清史だけでなくウラとも一緒に仕事をしたいと思っていました。

当時、ウラはファッション業界でパターンメーカーとして働いていました。パターンメーカーの仕事は、デザイナーが作ったデザイン画をもとに、服作りの設計図である型紙（パターン）を作り、デザイナーのイメージを具体的な形に表現することです。服の仕上がりのイメージや着心地などを確認するために、パターンメーカーの果たす役割は非常に重要です。僕と清史はパターンメーカーの訓練を受けたことがありません。もしウラがいなければ、会社の事業を進めることは、今よりももっと困難だったはずです。

しかし、僕がそれ以上に彼女と一緒に仕事をしたかった理由は、兄弟喧嘩の多かった僕たちをいつも冷静に受け止め、良き関係性を作り続けてくれていたからです。ウラは、僕と清史の両方の話に辛抱強く耳を傾けてくれました。まだ若くて気持ちばかり先走っていた僕たちを、ウラは上手にコントロールしてくれました。ウラがいなければ、「ザ イノウエブラザーズ」はとっくに潰れていたでしょう。

現在、アルパカプロジェクトで南米に何度も足を運んでいますが、南米はとてもマッチョな男性社会です。そこでウラも一緒に生産工場などでのミーティングに参加することがありますが、現地の女性たちはウラの姿を見て、一様にホッとした表情を浮かべ、男性たちも和やかになっていき、ミーティングは気持ちよく進んでいきます。僕と清史には決して出すことのできない空気をウラは出しているのだと思います。

創業時から僕たちを知る身近な知人が、以前にユーモアを交えながらこんな言葉をかけてくれたことがあります。

「ウラがいるから、聡と清史は自分たちの力を発揮できているんだな。ウラは『ザ イノウエブラザーズ』の〝ウラ（裏）ボス〟だよ」

「ザ イノウエブラザーズ」がここまで発展できたのも、ウラが陰に陽に果たしてくれた役割が非常に大きいのです。

ソーシャルデザインの衝撃

デザインとクリエイティブの力で社会の課題を解決する——これはソーシャルデザインの基本的な考え方であり、僕たちが会社を立ち上げた時に定めた方針の一つです。デザインと聞くと、具体的な造形や意匠を連想する人が多いかと思います。ソーシャルデザインとはそうしたデザインの力を生かして、社会が抱える課題を解決することを目指します。

僕には今も鮮明に覚えているソーシャルデザインの力を体感した出来事があります。

多くの犠牲者を生んだ二〇〇一年九月のアメリカ同時多発テロ。そのテロの主犯グループが、イスラム過激派の国際テロ組織・アルカイダだと判明すると、アメリカだけでなく、ヨーロッパでもイスラム教徒に対する恐怖感が広がりました。その恐怖感が嫌悪感に変わるまでに、それほど時間は要しませんでした。

その頃、デンマーク社会にも目に見える変化が生じました。それまで移民や外国人に対して寛容な政策を取っていた左派系政権から、移民や外国人に対して排他的な政策を打ち出す右派系政権にシフトしたのです。充実した福祉制度を推進するなどして、長年にわたって国民から支持を集めてきた左派系政権だっただけに、僕は非常に大きな驚きをもってその変化を受け止めました。

この頃には、イスラム教徒に対する嫌悪感が社会的に強まっていることを僕は痛いほど感じていました。移民の子として育った僕と清史は、彼らの境遇を他人事とは思えなかったのです。

その出来事が起きたのは、デンマーク社会がそうした変化の中にあった頃でした。デンマークに拠点を置く「スーパーフレックス」というアートデザインスタジオが、次のような文言の書かれたポスターを街のあちこちに張り出したのです。

「FOREIGNERS, PLEASE DON'T LEAVE US ALONE WITH THE DANES！（外国人の皆さん、ここをデンマーク人だけにしないでください！）」

鮮やかなオレンジ色を背景に黒色の大文字が並ぶそのポスターは、ストリートからビルの看板まで街の至るところに張られました。その様子は圧巻でした。ポスターの放つ力強いエネルギーが、ひりひりと自分の肌に伝わってくるかのようでした。グラフィックデザイナーとして働いていた僕には、このプロジェクトにどれほどの資金が費やされたかまで想像ができます。そうしたところからも、彼らの本気度が伝わってきたのです。

それまで僕は多くのデザインの仕事を手掛けてきたにもかかわらず、スーパーフレックスのプロジェクトを見て、〝デザインにはこんなすごい力があったんだ！〟と初めて気がつかされた思いでした。二十年以上経った今でも、コペンハーゲン内にはこのポスターを張り出しているレストランやカフェがあります。

僕にとってこれが、ソーシャルデザインの力を知る初めての経験となりました。

個人主義の強い西洋社会では、「個人のために社会は存在する」という考え方が根強くあります。もちろん、それは間違いというわけではありません。ただ、一個人・一市民には、社会の発展に対して果たしていく役割もあります。それは企業についても同様のことが言えます。このスーパーフレックスのプロジェクトは、市民や企業が社会に果たす役割の一種のモデルケースを示してくれました。僕の理解では、ソーシャルデザインの考え方は、その後にCSR（企業の社会的責任）にも影響を及ぼし、そして現在のSDGsの精神とも深く共鳴しています。

これを読む日本の読者にあらためて知ってほしいことがあります。それは、日本には古くから経営哲学として、「売り手よし、買い手よし、世間よし」という「三方よし」の考え方があるということです。「売り手と買い手がともに満足し、社会貢献にもつながるのが良い商売である」という三方よしの考え方は、ソーシャルデザインやSDGsにも通底する経営哲学です。そうした発想が、日本には古くからあるのです。

平和のムーブメントを受け継ぐ

「ザ イノウエブラザーズ」を立ち上げた当初、僕たちは、毎日将来について話し合い、常にわくわくしていました。

会社のロゴを制作したのもこの頃です。最初に僕が何パターンかデザイン案を作ってみたのですが、どうしても僕のカラーが前面に出すぎてしまい、納得のいくものが出来上がりませんでした。清史はまだ本業があり、本格的に参加していませんでしたが、清史とウラがいて「ザ イノウエブラザーズ」になるわけですから、二人のカラーもきちんと表現したかったのです。

試行錯誤を繰り返していた頃、清史がロンドンからコペンハーゲンに一時帰省しました。清史がコペンハーゲンに滞在していた時、僕たちが昔から大変に憧れていたマーサ・クーパーという白人女性のフォトグラファーも偶然、新刊・写真集の発売のレセプションのためにコペンハーゲンを訪れていたのです。マーサ・クーパーは、グラフィティをはじめとするさまざまなストリート文化や黒人文化を写真で記録していました。彼女の作品を通して、僕たちも昔のグラフィティに触れることができました。〝貧しい黒人の子どもたちが街の一角で始めた文化を世界に広めたのは一人の白人女性だった〟という人種の壁を越えたストーリーに、僕たちは深く感銘を受けたのでした。

そんな僕たちのヒロインが、コペンハーゲンに来ているのです。その日は僕にはどうしても外せない仕事があったため、清史だけがレセプションに参加することになりました。その時、僕は清史に、「マーサ・クーパーに、俺たちがデザインスタジオを立ち上げたことを伝えた上で、彼女に『THE INOUE BROTHERS』と書いてもらって、それをロゴにさせてほしいとお願いするのはどうだろう?」と提案しました。とても無茶なお願いなのは百も承知でしたが、自分たちの活動を始めるにあたって、彼女の〝魂〟をロゴに注ぎ込みたかったのです。

その日の夜、頬を紅潮させた清史が早足で帰宅しました。

「兄貴、無事にゲットしたよ」とサインの書かれた新刊の写真集を、鞄から丁寧に取り出しました。

その時のマーサ・クーパーのサインこそが、僕たちが今も使っている「THE INOUE BROTHERS...」のロゴです。柔らかさの中にかっこよさが貫かれていて、彼女らしさが存分に表れている大好きなロゴです。

最後の「...」も彼女が付け加えてくれました。この「...」には余白という意味があります。このデザインスタジオを僕たち三人だけのものに限定するのではなく、ともに仕事をする現地のパートナーなど、いろいろな人たちを仲間に加えていきたいという思いが「...」には込められています。

マーサ・クーパーのロゴに加えて、「ザ イノウエブラザーズ」には、「団結」を意味する握り拳のシンボルマークがあります。このシンボルマークは、僕たちが生まれ育った場所の近所にあるアサイラム（避難所）のシンボルから着想を得たものです。そのアサイラムでは家庭内暴力を受けた女性たちを保護しており、僕たちは小さい頃から毎日のように、その建物の赤色の握り拳のシンボルマークを目にしていました。このアサイラムの文脈も引き継ぎつつ、そこに人種差別・黒人差別反対というメッセージも込めたかったので、僕たちは黒い握り拳のマークにしました。

ロゴとシンボルマークの発案からも分かると思いますが、そこには僕たち独自のスタイルや表現といったものはほとんどありません。「ザ イノウエブラザーズ」の活動で、僕たちは自らのオリジナリティを表現したいわけではありません。むしろ、僕たちの生まれる前から脈々と続いてきた平和のムーブメントを自分たちが受け継ぎ、

THE INOUE BROTHERS...

次世代につなげていきたいのです。僕たちのロゴとシンボルは、自分がやるべきことを常にリマインド（想起）してくれる存在です。〝いま自分は正しい道を進んでいるのか〟と、確認・修正できる存在は必要だと思うのです。

ボリビアへの旅

〝ソーシャルデザインの力で社会を変えよう〟と決意をして、「ザ イノウエブラザーズ」は二〇〇四年に始動しました。しかし、最初の数年間は従来と同じような広告デザインや雑貨のデザインなどの仕事が大半でした。そもそも当時は、ソーシャルデザインの案件を抱えているクライアントがほとんどいませんでした。

そこで、〝クライアントがいないなら、自分たちでプロジェクトを始めるしかない〟と思い立ったものの、良いアイデアがすぐに思いつくわけでもありませんでした。思い描いていた理想とのギャップを前に気持ちばかりが先走り、真っ暗闇の中を突き進むような日々が数年間続きました。

そんな中、転機は突然訪れました。

「君たちにぴったりのビジネスがボリビアにある」と、ある人から連絡が届いたのです。僕の昔からの友人のオスカ・イェンスィーニュスからでした。オスカはコペンハーゲン大学の大学院で、「アルパカとともに暮らすボリビアの先住民やアルパカを取り巻くビジネスの現状」といったテーマで修士論文を書いていました。

オスカには一つの大きな問題意識がありました。それは、アルパカの繊維は世界一のクオリティなのに、アルパカとともに生きる人々がなぜ南米で一番貧しいのかということです。現地の実情を知るため彼は、NGOを通じてボリビアの先住民の支援活動に携わったことがありました。その経験から、先住民とアルパカを取り巻く環境について彼なりに思うことがあり、それを僕たちにも直接見てほしかったのだと思います。※

当時の僕は南米に行ったことは一度もなく、ボリビアの場所さえも知らない状態でした。ですが、オスカの熱意に後押しされるように、まずは僕とオスカの二人でボリビアへ赴《おもむ》きました。

初めてのボリビアの旅は二〇〇七年のこと。「ザ イノウエブラザーズ」を立ち上げてから、

※ 南米アンデスでアルパカを牧畜している人の九〇％以上が先住民（「パコマルカ研究所」調べ）

すでに三年の歳月が流れていました。

　僕たちは事実上の首都と言われるラパスを訪れました。スペイン語で「平和」を意味するこの街は、標高約三六〇〇メートルに位置していて、世界で一番標高の高い首都としても知られています。富士山の山頂とほぼ変わらない高さに街があるのです。

　オスカの案内に従いながら街ゆく人を観察していると、特に先住民の顔立ちはどこか日本人に似ていると僕には感じられて、初めて訪れたにもかかわらず、何とも言えない親近感を覚えました。

　ラパスの中心地には観光客向けの土産店が立ち並ぶストリートがあり、そこは多くの人たちでにぎわっていました。活気のあ

スペイン語で「平和」を意味する街・ラパス

るエリアを歩いている限り、事前に聞いていたような貧しさはそこまで感じられません。土産店には先住民の作った織物、刺繡《ししゅう》、雑貨などが陳列されていて、その中にアルパカの毛を使った色彩豊かなセーターやストールが置かれていました。

アルパカ製品に初めて触れた時、アルパカそのものについて詳しく知っていたわけではなかったものの、滑らかな手触りやシルクを思わせる光沢などから、それが大変に良質な素材であることが分かりました。後からオスカが、アルパカは六千年前から家畜として飼育され、インカ帝国の時代には貴重な交易品として取引されていて、最高級のアルパカはインカ人にだけ献上されていたことなどを教えてくれました。

初めてアルパカ製品を目にした時、僕には引っかかることがありました。それはいかにも観光客を意識して作られたと思われる製品のデザインと価格でした。アルパカという上質な素材を生かしきっているようには到底見えない製品。アルパカとともに暮らす先住民やアルパカ産業に従事する人たちには、ブランディングやマーケティングの知識がないために、アルパカの価値を正しく理解していないことが分かりました。

ボリビアを訪れる観光客には、隣国ペルーのマチュピチュ遺跡やアンデスの壮大な風景などアウトドアの体験を求めてくる人が多く、現地の土産に多くのお金を使う人はあまりいません。そのため、土産店としても、より多くより安く販売できるように、商品の質を下げざるを得なかったのです。それでは優れた素材であるアルパカが安く買い叩かれてしまい、アルパカ産業に従事する人たちの生活は悪くなるばかりです。

アルパカの価値を最大限に引き出した製品を作って、それを世界に紹介できれば、先住民やアルパカ産業に従事する人たちの状況を一変させられるのではないか。この旅を通して僕はそう強く思いました。それを可能にするのが、ソーシャルデザインの力なのだ——胸の奥から熱い思いがこみ上げてくるのを確かに感じました。

靴磨きの少年

その後、僕たちは観光客でにぎわうメインストリートを離れ、オスカの案内でラパスにあるニット工場などを見学しました。移動の最中も、僕はオスカにボリビアの政治状況や、今しがた見学した工場で働く人たちの暮らしぶりなど、とにかく気になることは何から何まで質問をぶつけました。本当にこの国の人々のために何かしたいのなら、まずこの国の状況を知ることから始めるしかありません。

この時のボリビアの旅で、僕の心に強烈に刻まれた一つの光景があります。

オスカと二人でホテルのレストランのテラス席で朝食をとっていた時のことでした。入口のほうが急に騒がしくなり、僕はそちらに目をやりました。すると、薄汚れた恰好《かっこう》をしたまだ幼い現地の子どもたちが、小さな道具箱を抱えてレストランにぞろぞろと入ってくるのが見えました。子どもたちは、テーブルで食事をしている客たちの前にひざまずいて、「靴磨きをさせてください」と次々と声をかけたのでした。

まだ小さい子どもたちがわずかなお金を稼ぐために、こうして靴磨きに来ている。その事実に僕は言葉を失いました。ちょうど娘が生まれたばかりだったことも重なり、とてもショッキングな出来事でした。

レストランの一部の客の中には、「汚いからこっちに近寄るんじゃねえ」と信じられないような暴言を吐いて、子どもたちを追い払う人もいました。その言葉は、かつて差別と貧困を経験した僕自身にかけられているようでした。いったい、子どもたちに何の罪があるというのか。子どもたちの心境を想像すると、胸が張り裂けそうになりました。

やがて一人の靴磨きの少年が、僕たちのテーブルにやってきました。僕は靴を磨こうとする少年を制止しました。

「申し訳ないが、僕が自信をもって『僕の靴を磨いてください』とあなたにお願いできる人間になるまでもう少し待ってほしい。僕はまだあなたのクライアントになれるような立派な立場にはないんだ」と、僕は少年に伝えました。そして、靴磨きの料金の何倍ものお金を彼に渡して、「これをお父さん、お母さんと分けるんだよ」と伝えました。ぱっと明るくなった彼の表情に、僕は少し救われた思いになりました。

もちろん、その時に僕が渡したお金では根本的な問題の解決にはなりません。僕がその時に気づいたのは、ビジネスを通じて人に自信を与えるエンパワーメント（本来持っているはずの能力を十分に引き出すこと）の重要性です。

ビジネスではなく、ボランティアやチャリティという形でも解決できる問題は多くあります。

ただ、そうした支援活動ではどうしても、〝助ける側〟と〝助けられる側〟という関係が固定化されてしまい、助けられる側の人は常に負い目を感じてしまいます。これがビジネスを通じたつながりならば、〝発注者〟と〝受注者〟という対等な関係において、アンデスのローカルな土地に住む人たちでも自分のスキルを通してお金を得ることができます。しかも、彼ら自身がそのビジネスに主体的に参加しているのであれば、自尊心を高めることにもなります。

また、あらかじめ支援期間や予算とその使途が決められていることの多いボランティアやチャリティによる社会貢献事業に比べて、ビジネスならいったん軌道に乗れば、長期的に彼らをエンパワーすることも可能です。工夫をこらし会社を成長させ、より多くの報酬が得られるというのは、人がやりがいを感じる上で非常に大切なことです。持続可能な支援方法を考えた時に、ビジネスを通じた社会貢献、いわゆる「ソーシャルビジネス」は非常に有効な手段の一つだと僕は考えます。

そんな思いが頭を駆け巡りながら、「必ずこの少年、そしてボリビアの人たちと一緒に仕事ができる人間になろう」と僕は心に誓いました。そして、僕は初めてのボリビア滞在を終えて、コペンハーゲンへ帰りました。

帰国するや否や、僕はすぐに清史に電話をかけました。そして、時間を作って一緒にボリビアまで行き、アルパカ製品の素晴らしさや、苦しい状況の中でも前向きに生きる現地の人たちに触れてほしいと熱く語りました。

当時、清史はヴィダルサスーンを退職していましたが、「ザ イノウエブラザーズ」にはまだ本格的には参加せず、かつての上司と一緒にヘアサロンの共同経営に乗り出していました。

多忙を極める日々でしたが、「俺も絶対にボリビアに行くよ」と、僕の気持ちを真正面から受け止めてくれました。

初めてのコレクション出展

ボリビアの旅の終わりに僕は再び現地のニット工場に立ち寄り、実際にアルパカ製品をオーダーしました。工場が見せてくれた製品見本に対して、いくつか改善点を提示して、出来上がり次第、デンマークに届けてもらうようにお願いしました。

帰国して数カ月後、ボリビアからそのサンプルが送られてきました。荷物の中身を見て、僕は思わず苦笑いしました。一生懸命に作ってくれたのはよく分かりましたが、どれも不恰好な仕上がりで、到底売り物にはなりませんでした。パターンメーカーのウラの力を借りて、そこからさらに改良を加えて、ようやく形になりました。

初めてボリビアを訪れた翌年、二〇〇八年の初めに、セーターとカーディガンを計三種、それぞれ三色ずつ完成させました。ちょうどその頃、パリで開催されている各ブランドの新作展示会で「ザ　イノウエブラザーズ」のアルパカ製品を初披露する予定でした。とにかく形にしたものをファッション業界の人たちに見てもらうことが大切だと思い、僕は単身、メンズ・ファッション・ウィークが行われているパリへ乗り込みました。

とはいえ、当時の僕たちにはファッション業界に知り合いなどほとんどいません。その時は、知り合いの人脈をたどって、三人のバイヤーとの約束を何とか取り付けたのでした。

展示の結果は、成功からほど遠いものでした。足を運んでくれたバイヤーからも厳しい言葉をかけられました。ただし、何も得るものがなかったわけではありません。

当時の僕には業界のプロを前にして、ファッションについて語れることなどほとんどありませんでしたが、自分がボリビアで見た現実

アルパカを使ったファースト・プロダクト

や、ソーシャルデザインを通してアルパカ産業に携わる人の状況を改善したいという熱意は語ることができました。三人のバイヤーは僕の話に真剣に耳を傾けてくれました。そして、「君のメッセージは広く世の中に伝えていくべきだ」と、僕たちの理念に賛同してくれました。さらに、僕たちの商品に関する具体的なアドバイスもしてくれたのです。

展示会が終わってすぐに清史に電話をかけて、その日の出来事をすべて話しました。上手くいかないことばかりの日々でしたが、考えてみれば何の経験もないところからスタートしたのですから、それは当たり前のことです。失敗しても落ち込む必要などどこにもないし、それより失敗からどれだけ学べるかのほうがずっと大切です。もしこれから何かを始めようと思っている若い人がいれば、決して失敗を恐れてはいけないとあらためて伝えたい。

創業後から続いた数年間の真っ暗闇の日々に、かすかな光がようやく差し込み始めたのを僕は感じました。

二度目のボリビア

僕が初めてボリビアを訪れた翌年に、清史とオスカの三人で再度ボリビアを訪れることができました。清史は本業で多忙を極めていましたが、スケジュールを調整して何とか一週間の休暇を取ってくれました。

この時の旅は、ボリビアにたどり着くまでがとにかく大変でした。

僕とオスカはまずコペンハーゲンからロンドンに向かって、清史と合流しました。そしてロンドンのヒースロー空港からアメリカのマイアミを経由して、ボリビアのラパスに向かうはずでした。ところが、僕たちがヒースロー空港で搭乗時間を待っていたその時です。なんとマイアミからボリビアへのフライトが急遽、欠航になったと知らされたのです。いったい何が起きたのか。

実は僕たちがボリビアに関わり始めた頃、ボリビア社会は大きな転換期を迎えていました。二〇〇六年に誕生したエボ・モラレス大統領は、同国が一八二五年に共和国として独立して以来、先住民出身で初めて大統領に就任した人物です。飲み水や電力にも事欠く貧しい農村で生まれ育ったモラレス大統領は、ボリビアの貧困に対する強い問題意識を持っていました。

多くの国民の強い支持と期待を背負って誕生したモラレス政権は、ボリビア国内の貧富の格差を助長してきたグローバリズムや新自由主義路線との訣別《けつべつ》を宣言。先住民をはじめとする貧しい暮らしを強いられてきた人々に富の再分配を図る社会主義路線へ切り替えました。

また外交面においても、歴代の大統領が掲げていた親米路線から一転し、キューバやベネズエラといった反米国家との関係を重視しました。

マイアミからラパスへのフライトが取り消しになったのも、そうした欧米諸国の警戒感が高まったことによる政治的な理由からでした。

ひとまず僕たちはマイアミまで移動しましたが、空港から一歩も出られない状態となってしまいました。万事休す。しかし、ボリビアで誓ったことをいち早く進めるためにも、ここで簡単に諦めるわけにはいけません。考えた末に、ボリビアの隣国のチリの首都・サンティアゴに飛び、そこから国内線でボリビアとの国境に比較的近いアリカに移動し、長距離列車でラパスを目指すことにしました。

旅の困難はさらに続きます。

アリカまでは無事に到着したものの、ボリビアへ通じる鉄道は数年前に起きた自然災害でレールが寸断されていて、鉄道の運営会社はすでに倒産していたというありさまでした。列車での移動は諦めざるを得ません。次に長距離バスでの移動を思いつき、僕たちはアリカのバスターミナルに駆け込みましたが、当日に発車するバスはすでに満席で、翌日まで待たなければなりませんでした。この時点で、本来の予定からすでに一日近くタイムロスをしています。清史の仕事を考えると、これ以上、ボリビアへの到着を遅らせるわけにはいきません。最終的に僕たちは現地のタクシーをチャーターして向かうことにしました。近くのＡＴＭからできるだけ多くのキャッシュを引き出し、ラパスまで送ってくれるドライバーを探しました。夜の時間帯の移動だったことや、ボリビアの国情が不安定だったことなど、さまざまな要因からドライバーは簡単には見つかりませんでした。

ようやくドライバーが見つかった時、すでにアリカに到着してから半日が経過していました。途中で運転を交代できるように、ドライバーは二人組でした。ここからラパスまで十六時間近くを要する長旅です。僕たち三人はタクシーの後部座席に乗り込み、固いシートにもたれながら、未舗装で外灯も不十分な悪路を、夜通し進みました。何度もボリビアを訪れているオスカも、緊張した面持ちでじっと口を結んでいます。どうか無事にラパスにたどり着けるようにと、僕は心から祈りました。

やがて山中にあるチリとボリビアの国境ゲートに到着しました。そこでは完全武装した国境警備隊が、鋭い眼光で周囲を見張っていました。その中の一人が、僕たちの乗るタクシーに近づいてきて、入国の目的を聞きました。オスカが「アンデス地方で牧畜されているアルパカでビジネスをするために来た」とスペイン語で言い、僕たちも一生懸命に身振り手振りでその思いを伝えました。すると、その国境警備隊員は表情をやわらげ、「アルパカの素晴らしさを世界中に広めてくれ」と言い、僕たちが優先的に入国できるように特別の手配をしてくれたのです。

そこからさらに車を走らせ、目的地のラパスに到着した時には、僕たち五人全員の目から涙がこぼれました。アリカを出発してから十六時間近くが経過していました。今なら決して選択しないような危険な山越えの行路でした。

これで無事にボリビアでの視察を開始できると思いきや、清史だけがラパス到着後に高山病を発症しました。丸二日間ほとんど動くことができない状態でした。最後までトラブ

チリからボリビアへの国境を無事越えて安心する著者たち（写真 Oscar Jensenius）

ル続きでしたが、清史も無事に回復し、すべてを乗り越えて中央アンデスにたどり着くことができました。

アルパカとともに暮らす人たち

この時のボリビアの旅では、前回の旅で訪れたニット工房に三人で足を運びました。その工房とは、すでに少量ながら取引を開始していました。

「アルパカの素晴らしさを世界に伝えたいんです。一緒に世界一のアルパカニットを作りましょう」と工房の従業員たちに自分たちの思いを伝え、目標をあらためて確認し合いました。

滞在中に他の工房を見たいと思っていましたが、当時はまだ現地でのつながりはほとんどありませんでした。そう思っていた矢先、土産店でアルパカの毛を使って作られたストールが僕たちの目に留まりました。特にその色の美しさに僕たちは強く心を惹かれました。店員にその工房の場所を教えてもらい、早速僕たちはそこを訪れることにしました。

その工房はラパスの郊外のエルアルトという街にありました。標高はラパスよりもさらに高い四二〇〇メートル。気候条件がラパスよりも厳しく、また貧困層の人たちが多く住んでいる地域でもありました。

間もなく車は工房に到着しました。工房といっても、僕たちが連想するような立派な建物ではなく、柱の上にトタン屋根を載せただけの非常に粗末なところでした。

エルアルトの工房で、僕たちはスカーフ作りのワークショップに参加しました。そこであらためて人々が織りなすスカーフの色の美しさに僕たちは目を瞠《みは》りました。今の最先端の織機でも色数は多くて十四色なのですが、その工房ではなんと二十四色の糸を使って、スカーフを一枚ずつ手織りしていたのです。色の組み合わせ方は、古くからアンデスに伝わる伝統的な組み合わせとのことでした。これまでに見たことのない色彩のクオリティに、僕たちは大きな衝撃を受けました。

そうして魅了されるのと同時に、こんなにも素晴らしいものがこの劣悪な環境下で作られていることに胸が痛みました。彼らが貧しい暮らしを強いられているのは、決して彼ら自身のせいではないと強く思いました。そしてそんな環境下でも、健気に明るく生きているこの人たちの姿に、逆に自分たちが励まされたのです。

今でも「ザ　イノウエブラザーズ」の商品で最も人気のあるマルチカラーのスカーフは、実はその時のワークショップで生まれました。デザイン面でほんの少しだけ改良を加えましたが、基本的にはその時に作ったもののままです。これからもずっと作り続けていきたい、思い出の詰まった大切な商品です。

エルアルトの工房でのワークショップが終わって、オスカが「明日はアルパカを飼育している先住民の暮らしを見に行こう」と提案しました。僕たちは喜んで彼の提案を受け入れました。

翌日、僕たちはラパスからバスを乗り継いで半日以上かけて、ボリビアとペルーにまたがるチチカカ湖の近くにある小さな村を訪れました。人口約七百人のその村では、ほとんどすべての人がアルパカの牧畜に携わっていました。村の中心部には電気、ガス、水道と最低限のインフラは辛うじて整備されてはいました。しかし、中心部を少し離れると、そのうちのどれかが欠けてしまうといったありさまでした。

その村で僕と清史は初めて生きたアルパカに触れました。アルパカの原毛の繊維の質の高さは僕たちの想像を遥かに超えるもので、驚きを隠せませんでした。シルクやカシミヤといった高級な繊維にも決して負けない光沢や柔らかさを体感して、まさに〝アンデスの至宝〟と形容しても過言ではないクオリティだと感じました。

しかし、素晴らしい素材に出合った喜び以上に、僕たちの心に重くのしかかった事実があります。それは、アルパカとともに生きる人たちの過酷な生活と労働環境でした。

アルパカの飼育に従事する人はほとんどが女性でした。話を聞くと、彼女たちの夫はより稼ぎの良い鉱山採掘の仕事に行っており、女性たちは家事と子育てをしながら、重労働であるアルパカの飼育をしていたのです。作業する女性の中には、貧しさからアルパカの毛を刈る道具を持っていない人もいました。その人は刈る道具をガラス片で代用して毛を刈っていました。

僕たちを腹立たせたのは、そんな彼女たちの〝無知〟につけこんだ外部のエージェントの対応でした。クオリティで評価をせず、すべてのアルパカの毛を「重さ」で安く買い上げ、それから良質な部分を高く売り、それ以外の部分は安く売り出していたのです。それでは、彼女たちがどれだけ苦労を重ねても、正当な利益を得ることはできず、いつまでも貧しい生活から抜け出せないままです。その後に知ったことですが、ボリビアでアルパカの飼育に従事する牧畜民の九割が、一日に一・二五ドル未満で生活する「Extreme Poverty（極度の貧困）」に該当する人たちでした。これは、ＳＤＧｓが定義する国際貧困ラインと同じです（二〇二三年時点での貧困ラインは二・一五ドル）。

それでも、彼女とその子どもたちが屈託のない笑顔を浮かべ、日々をたくましく生きている様子に、僕たちは雷に打たれたような衝撃を受けました。

彼女たちを見ていると、〝この人たちよりもずっと恵まれた環境にいる僕たちは、彼女たちのように笑えているだろうか〟と、自分の人生の価値観について再考せざるを得ませんでした。一方で、彼女たちを取り巻く不条理な現実を見て見ぬふりは絶対にしないと固く決心しました。

それから今に至るまで、コロナ禍《か》の非常時を除いて、どれだけ忙しくても毎年一回は必ず僕と清史でアンデスを訪れています。

サステイナブルなアルパカビジネスを行うために最も大切なのは、アルパカに携わる人たちが幸せであることだと僕は思っています。アルパカとともに暮らす牧畜民や、アルパカ産業に従事する人たちが生活面・精神面ともに余裕を持てなければ、身の回りの動物や環境のことを持続的に考えることは難しいでしょう。だから、何よりもまずそこにいる人間をエンパワーしていくことが、サステイナブルな社会を築く上での第一歩になると僕は思うのです。

僕たちが今でもダイレクトトレードにこだわり続ける理由もそこにあります。アルパカプロジェクトでは、仲介業者をなるべく減らして、少しでも多くの利益を牧畜民や工場で働く人たちの手に渡るようにしています。そうすれば、彼女たちは今以上にアルパカを大切に育てます。人間が幸せになれば、アルパカも幸せになります。それこそが、本当に豊かな社会です。

二〇一〇年から、アルパカ製品の質をさらに上げるために、僕たちは生産拠点をペルーに移しました。しかし、「『ザ イノウエブラザーズ』の原点はどこか」と聞かれると、やはりボリビアの光景が思い浮かびます。僕たちが、本格的にソーシャルデザインという仕事をするきっかけを与えてくれた場所だからです。

世界のトップクリエイターからの注目

三人でボリビアを訪れた二〇〇八年は、「ザ イノウエブラザーズ」にとって大きな出会いが続きました。

その頃、清史はヴィダルサスーン時代の上司とヘアサロンを共同経営していました。そのヘアサロンのお客さんの中に、二〇〇四年にロンドンでオープンしたセレクトショップ「ドーバーストリートマーケット」で働くスタッフが二人いたのです。そのうちの一人は、かつてヴィダルサスーンでサロンモデルをしていて、清史とは古くからの知り合いでした。

ドーバーストリートマーケットは、世界的に有名なファッションデザイナーの川久保玲《れい》さんが立ち上げたコムデギャルソンが運営するセレクトショップです。グローバル企業になってからも、独自のスタイルを貫き続けるコムデギャルソンは、僕たちにとって憧れの存在でした。当然、ドーバーストリートマーケットもオープン以来、常に注目していたセレクトショップです。

驚いたことに、その清史の知り合いのドーバーストリートマーケットのスタッフから、「君たちの商品をうちで置かせてほしい」とオファーを受けました。長年、清史のお客さんでもあったそのスタッフは、僕たちの活動をよく知ってくれていました。その彼がキュレーション（商品の収集・選別・運用までを請け負う）をしてコーナーを設けることになりました。ロンドンに住んでいた清史は、僕たちの商品が店頭に並ぶと、毎日のように店に足を運んでいたそうです。

サプライズはさらに続きます。

僕たちの商品が店頭に置かれてから数週間後、清史の働くサロンに、スーツ姿の一人の男性客が清史を訪ねてきました。ヘアカットの予約は入っていないはずだと少し戸惑いながら、清史がその人の対応をすると、なんとその男性はドーバーストリートマーケットを統括する責任者で、コムデギャルソンインターナショナルでCEO（最高経営責任者）を務める人だったのです。

自己紹介もそこそこに、その男性は清史にFAXを準備してほしいと告げました。「デザイナーの川久保玲が店頭で『ザ イノウエブラザーズ』の商品を目にして、『クリスマスのスペシャルイベントのための限定商品を一緒に作りたい』と言っている」

突然降って湧いたような話を聞いて、清史も半信半疑でしたが、間もなく隣の店で借りたFAXから、川久保玲さんのデザイン案が送られてきたのです。

「ただし、十二月までの納品をお願いしたい」と男性は最後に付け加えました。その話があったのが九月の初旬なので、相当過酷なスケジュールでした。その日のうちに、清史は急いでこの件のことを僕に電話で伝えました。

当時は、何の経験もなかったので怖いもの知らずであったことと、憧れの企業から声がかかった嬉しさとで、そのオファーを引き受けました。もし同じような話が、生産やロジスティクス（物流の一連の流れを一括管理するシステム）がより整っている今の「ザ イノウエブラザーズ」に舞い込んだとしても、二の足を踏んでしまうくらいのタイトなスケジュールでした。

そこからは僕と清史とウラで役割を分担して、急ピッチで作業を進めました。主なデザインは僕が担当し、それをウラが図案や形に落とし込む。清史はコムデギャルソン側とコミュニケーションをとり、そこで上がってきた意見を再び僕がデザインに反映させる。とにかく前だけを見て三人でがむしゃらに進み続けた三カ月間でした。このプロジェクトが決まり、打ち合わせのためにコムデギャルソンの本社がある東京を訪れた後、その足でボリビアに向かい、現地の人たちと一緒に喜びを分かち合ったことも懐かしい思い出です。

この時は最終的にセーター、ニット帽、マフラーをそれぞれ二型ずつ製作しました。デザインは、アルパカが連なっているパターンと、先住民の人たちが手をつなぐパターンです。そこに、コムデギャルソンがジュエリーブランドのスワロフスキーのクリスタルを散りばめて、クリスマスにふさわしい特別なアイテムに仕上がりました。

ようやく自分たちの取り組みが認められ、しかもそれがあのコムデギャルソンだなんて、まるで夢のようでした。創業以来の努力が少し報われたように思いました。ちなみに、二〇二二年十一月には、ドーバーストリートマーケットギンザのオープン十周年を記念して、「ザ イノウエブラザーズ」のコラボ商品を置いてくれました。

コムデギャルソンとのクリスマスプロジェクトに必死に取り組んでいたその時期、幸運な出来事にもう一つ恵まれました。僕たちはそれまで特にPR活動に注力していなかったのですが、ある時期を境に、なぜか会社に問い合わせが急増したのです。原因を調べてみると、タイラー・ブリュレさんという世界的に有名なカナダ出身の起業家・雑誌編集者が、自身のブログで「ザ イノウエブラザーズ」を取り上げてくれていたことが判明しました。

タイラー・ブリュレさんは元々、イギリス国営メディアのBBCで記者をしていましたが、その後に活動の場を紙媒体などのメディアへ移します。特に二〇〇七年に彼が創刊し、自ら編集長を務める総合誌『MONOCLE』は、そのユニークな視点と洗練されたデザインで、今も世界的に注目を集める雑誌の一つです。

本来であれば、こちらから出向いて広告掲載のお願いをするのが筋なのですが、それを先方が「ザ イノウエブラザーズ」の取り組みに共感して、僕たちの活動を自発的に紹介してくれたのです。

会社として実質的なデビューを果たしたこの一年は、川久保玲さんやタイラー・ブリュレさんといった世界一流のクリエイターたちに認めてもらえた幸運な年でした。もちろん、幸運といっても、決して棚から牡丹餅《ぼたもち》などではなく、全く先の見えない状況でもとにかくチャレンジをし、失敗をし続けてきた中で摑んだものです。経営面ではまだまだ苦しい状態が続きましたが、〝自分たちのやっていることは決して間違ってはいない〟という確かな手ごたえを摑むことができた年でした。

自分の軸を持とう

「『ザ イノウエブラザーズ』はアパレルブランドですか？」と聞かれることが時々あります。

確かに、アルパカのニットやストール、オーガニック・ピマコットンを使ったTシャツなどを僕たちは作っています。しかし、「ザ イノウエブラザーズ」はあくまでも「ソーシャルデザインスタジオ」。世界に横たわる社会課題を解決するために、人の心を動かすプロジェクトを提案・実施する企業であり、それが僕たちの変わらない軸です。

実は、ファッション以外の分野でも、僕たちが手掛けている事業があります。その中の一つがデンマークで展開しているレストラン事業です。

食は人間の生活のど真ん中にあります。そして地球環境とも密接に関わっています。たとえば、化学肥料を使って農作物を短期間で大量に収穫すると、長期的に見て土を痩《や》せさせてしまいます。あるいは、先進国ではまだ食べられるにもかかわらず大量の食料が廃棄される「フードロス」の問題が起きている一方で、途上国ではいまだに多くの人たちが飢餓に苦しんでいる現実があります。また、現在の食肉文化を支えるには畜産業を維持することが必要で、そのために多くの森林が農地転換され、結果として森林破壊が進んでいます。

多くの点において、今の人類の食文化はバランスを欠いていると言わざるを得ません。これをよりサステイナブルなものにすることができれば、人間や地球にも大きな変化をもたらせると思うのです。

そうした思いに共感してくれたシェフの仲間たちとともに、僕たちは居酒屋「Jah Izakaya & Sake Bar」をコペンハーゲンにオープンしました。この居酒屋にはデンマークと日本のそれぞれの文化の良いところを取り入れています。

実はデンマークは農業大国として世界的に評価されています。生産から輸出に至るまで農家が徹底した品質管理に主体的に関わっていて、さらに環境への配慮までを含めた「食の安全」に対する人々の意識も非常に高く、オーガニック食品の市場シェアが世界トップクラスを誇っています。「世界一のレストラン」と業界人から称される、サステイナブルな食文化にこだわった「ノーマ」（二〇二三年に通常営業を終了。現在は期間限定営業のみを行う）もコペンハーゲンにあります。そうしたデンマークの英知に倣《なら》って、「Jah Izakaya」ではオーガニックフードだけを取り扱っています。

僕たちはそこへ日本の居酒屋文化を掛け合わせることを考えました。欧米の人たちの間では、居酒屋は、「偉い人から庶民までみんなが平等に食事を楽しんでいる場所」と評価されているのです。社会の隅々に差別意識が残る欧米の人たちにとって、この光景はとても新鮮に映るようです。

そうした両国の良い文化を掛け合わせることで、人々の意識をより良く変えたいと思い、「Jah Izakaya」をオープンしました。今ではコペンハーゲンにあるすべてのレストランの中でも高い評価を受けるお店にまで成長しました。

「ザ イノウエブラザーズ」がレストラン事業を手掛けているというと、表面上では一貫性がないように見えるかもしれません。しかし、僕たちの軸である「ソーシャルデザイン」から見れば、それは全くぶれていません。

僕は自分の軸さえしっかりと確立しているのなら、どんなことにチャレンジしても構わないと思っています。大切なのは、その時の初心をいつまでも忘れないことです。

自分の軸さえしっかり持っていれば、形が変わることを恐れる必要はありません。

第4章 〝世界一〟を目指して

地球にも人にもやさしいアルパカ

アルパカという動物は知れば知るほどに〝奇跡〟としか言いようのない存在でした。

ボリビアの旅を終え、ヨーロッパに帰った僕たちは、その後もアルパカに関するリサーチを続けました。また、アンデスに通い続ける中でも、現地の人たちとコミュニケーションを取り、アンデスの文化にとってアルパカはどういった存在で、どのような歴史があるのかについてなど積極的に学んでいきました。

リサーチを続ける中でまず浮かび上がってきたのは、アルパカが地球環境に極めてやさしい動物ということでした。たとえば、草食動物のアルパカは草を食べる時には先だけを食べて、決して根っこまでは食べません。したがって、土が急に痩せ細ることはなく、砂漠化が進むことはありません。また、アルパカのひづめは実は犬の肉球のように柔らかく、たくさん歩き回っても地面へのダメージが少ないのです。多くの点において、羊（ウール）や山羊（カシミヤ）などと比べて、アルパカは環境への負荷が小さいと言えます。

アルパカは単に環境にやさしい動物だけではありません。繊維の機能性においても極めて優れています。アルパカが生息するアンデスの気候は、一日の中でも寒暖差が激しいことで知られています。その特殊な気候に適応して育ったアルパカの毛は、繊維が特別な構造になっていて、寒い時には暖かさをもたらし、暑い時には熱を逃す機能が備わっているのです。

またその肌触りは、シルクやビロードを思わせるほど滑らかで、一度手に取ると誰もが驚きます。さらにアレルギー反応を起こす成分（ラノリン）が含まれていないため、人肌にもやさしい素材であることも判明しました。

アルパカの持つポテンシャルを知れば知るほど、〝アルパカはきっとファッション業界を変えることができる〟との思いが強くなりました。

僕たちは、ファッション業界で労働搾取が蔓延していることや、多くの企業が「大量生産・大量消費」のビジネスモデルで事業を運営し、地球環境へ大きな負荷をかけてきたことに強く反発していました。だからこそ、現場の生産者たちにより多くの利益が還元されるダイレクトトレードを行い、地球にやさしくかつファッションの素材としても優れたアルパカを使って、着る人が〝一生涯大切にしたい〟と思えるような服を作れたら、ファッション業界に変化の波を起こせるのではないかと思ったのです。そのためのポテンシャルが、アルパカには詰まっていると確信しました。

「ザ イノウエブラザーズ」を立ち上げてから、僕たちは常に〝世界一〟を目指してきました。それは、生前、父が僕に託したメッセージの一つに「何かに挑戦する以上は一番を目指せ」があったからです。

アルパカ製品を作る上で、僕が常に参考にしていたのが、カシミヤやウールで作られた世界トップクラスの製品でした。オスカのおかげで僕たちはボリビアを訪れることができ、そこでアルパカとも出合えました。ボリビアの旅で得たものを形にしていき、それがコムデギャルソンなどにも認められるようにはなりましたが、僕が参考にしていたカシミヤやウールの商品と比べると、この頃に僕たちが作っていたアルパカ製品のクオリティにはまだ多くの改善の余地がありました。

アルパカの本来持つ美しさや機能性をもっと引き出せたら、必ず世界一のアルパカ製品を作れるはずです。また、現に当時、マーケットで流通していた他のブランドが作るアルパカ製品の中には、すでに世界トップクラスを誇るアイテムもありました。

どうすれば自分たちもそのレベルに達することができるのか。試行錯誤の日々が続きました。

新たな拠点・ペルー

「君たちが求めている世界トップクラスのアルパカ製品はペルーで作られている」という話をボリビアで耳にしたのは、そうした試行錯誤を繰り返していた頃でした。教えてくれたのは、ボリビアで長年にわたってアルパカ産業に携わっている関係者でした。

その人は、「ボリビアは手織りに関しては高いクオリティを誇るが」と前置きした後、「ペルーはモダン（近代的）産業に関して豊富な経験を持っていて、最新設備も整っているし、技術も洗練されている。君たちもペルー製のアルパカ製品をもっと見たほうがよい」と、僕たちにアドバイスをしてくれたのです。

とはいえ、当時ペルーに知り合いなど一人もいません。ペルーでアルパカ製品を作りたいと思っても、どこを訪ねればよいのか見当もつきません。

そうした悶々《もんもん》とした思いを抱えながら、ボリビアに通っていた時のことです。ボリビアからデンマークに戻る前に立ち寄った空港のラグジュアリー・ブランドを取り扱う免税店で、ペルー製アルパカのスカーフを見つけたのです。それに触れた瞬間、〝これは僕たちが目指してきたカシミヤやウールと同じクオリティのものだ〟と直感しました。

デンマークに帰国してから、早速そのスカーフについてリサーチを進めると、それがインカグループというペルーに拠点を置く会社が提携している工場で作られていることが判明しました。その工場ではプラダやエルメスといったトップブランドのプロダクトも生産していて、世界的にも高く評価されていました。

そこまで調べたものの、僕にはまだ少し迷いが残っていました。果たして、世界的に活躍する企業が、僕たちのような駆け出しのデザインスタジオをまともに相手にするだろうか。なかなか思い切って先方に連絡ができず、時間だけが過ぎていきました。

僕は勇気を出して、自分たちの現状をアルパカ産業に携わっているボリビアの友人に打ち明けました。すると、なんとその友人から、「お前の話しているペルーの工場なら俺もよく知っている。工場長のエンリケ・ベラさんを紹介してあげるよ」との言葉が返ってきたのです。

このチャンスを逃してはいけない。不安な気持ちはまだ残っていましたが、僕は思い切って友人に頼んで、エンリケさんを紹介してもらうことにしました。そして、教えてもらったEメールアドレスに、「これから弟とペルーまでお伺いします。ご多忙のところで恐縮ですが、私たちに少しお時間をいただけませんか」とメッセージを送信し、僕と清史はペルーへと向かいました。

僕たちが降り立ったのはペルー第二の都市のアレキパでした。目的の工場はアレキパにあるのです。街中の建物の多くには近郊で採れる白い火山岩が用いられていることから、アレキパは〝白い町〟とも称されています。

アレキパにあるニット工場は、一目見ただけで、ボリビアの工場と比べて遥かに生産規模が大きいことが分かりました。そこで工場長のエンリケが僕たちを迎え入れてくれました。大柄で、ラテンの陽気さにあふれたエンリケは、僕よりも二つ年上でした。

「よく来てくれました」とエンリケが声をかけてくれた瞬間、僕は〝この人とはきっと何もかもが通じ合うはずだ〟と直感しました。そして、どうやらそれはエンリケも感じていたようでした。

それまでのメールでのフォーマルなやり取りはすべて取っ払い、僕たちは旧知の仲間のように率直に意見を交換しました。その日、予定していた工場見学もそこそこに、とにかく約二時間みっちりと話し込みました。

僕たちはエンリケに、「世界一のアルパカ製品を作って、アルパカとともに暮らす人々を幸せにしたい。そして、人間にも地球にもやさしいサステイナブルなビジネスモデルを作り上げたいんだ」と熱弁しました。

エンリケは、僕たちのメッセージに一つ一つ深くうなずきながら話を聞いていました。どうやら僕たちの思いをまっすぐに受け止めてくれているようでした。だからこそ、エンリケは率直に意見してくれました。

「お前たちが本気で世界一のアルパカ製品を作ろうとしていることがよく分かった。ただ、

バスでペルーを移動する著者たち（写真 Marine Gastineau）

今の『ザ イノウエブラザーズ』が行っているプロジェクトの規模は小さすぎるから、今すぐに、幹部に話を上げることはできない」

さすがに一度の話し合いだけで、すべてが上手くいくはずはないと僕は内心少し落ち込みました。しかし、エンリケは驚くべき言葉を続けました。

「だから、まず上には内緒で、お前たちのプロジェクトを俺の生産ラインに入れることにしよう。誰に見せても恥ずかしくないいくらいの大きいビジネスになるように、俺も全力で応援する」

エンリケの働いている会社は効率重視のため、小ロットの生産は行わないという方針でこれまで経営をしてきました。そうした状況の中でもエンリケが、「折を見て会社の上司には掛け合ってみる」と約束してくれたことに、僕たちは胸が熱くなりました。

しかし、僕たちには一つ気がかりなことが残っていました。それはボリビアで出会った人たちのことです。いくらペルーの技術が優れているとはいえ、今後すべての仕事をペルーで行うことになれば、これまで一緒に仕事をしてきたボリビアのニット工場や、アルパカとともに暮らす牧畜民たち、そして、あの靴磨きの少年を裏切ることになってしまいます。

エンリケと工場で会った日、僕たちは自分たちの手掛けたアルパカ製品をいくつか持参していました。それをすべてエンリケに見せました。

カーディガンやセーターなど、エンリケのチェックは早々に済まされました。しかし、そんなエンリケの手が長く止まった商品が一つだけありました。エルアルトの工房で作られた手織りのスカーフでした。

スカーフを手にしたエンリケは、「この商品に関しては、これ以上素晴らしいものを自分たちの工場では作れないと思う」と言いました。その言葉を聞いて、今後も手織り物についてはボリビアの人たちと一緒に仕事を続けられると、ほっと胸をなでおろしました。

工場でのやりとりを終えて、エンリケは僕たちを自宅に招いて食事を振る舞ってくれました。そこで彼の奥さんと子どもを紹介してくれ、出会った初日から家族ぐるみの付き合いが始まりました。食事をしながら、ニット作りの基本から、ペルーで作られているアルパカのプロダクトの話、最新のテクノロジーまで、さまざまな知識をエンリケがレクチャーしてくれました。

翌日にエンリケは、僕たちをインカグループに属する別の紡績会社の工場に案内してくれました。そこでは先住民の血を引く女性たちが、何世代にもわたって継承してきた技術を生かして、アルパカの繊維の選別を行っていました。正確かつスピーディーな彼女たちの手さばきは職人技と呼ぶにふさわしいものでした。エンリケも僕たちと同様に、どうすればアルパカ産業に携わる人々、特に先住民や牧畜民の困窮した生活を改善できるかという問題意識を持っていたので、彼女らの取り組みを僕たちに紹介してくれたのです。僕たちはエンリケと行動をともにしながら、すべてを吸収するつもりで、一つ一つの光景を必死に目に焼き付けました。

エンリケと別れてから数日後、僕の携帯電話にエンリケから着信がありました。

「サトル、良いニュースがある。上司と話をつけることができた。お前たちが目指している〝世界一〟に一緒に到達しよう」

電話口でエンリケがそう話すのを聞いて、僕は目頭が熱くなりました。

そして二〇一〇年から、手編みのスカーフの生産だけはボリビアに残して、その他のアルパカ製品の生産はすべてペルーに移しました。

パコマルカ研究所へ

エンリケと相談した結果、ペルーでの生産にはロイヤルアルパカというインカグループ内の紡績会社が使っている最も優れた糸を用いることに決めました。アルパカニットを手にした時の柔らかさが、以前より一段と感じられるようになり、これまで取引してくれていたバイヤーからも「クオリティが格段に上がった」という声が多くあがり、買い付けの量も増えました。

この頃には「ザ イノウエブラザーズ」の取引先は、ロンドンのドーバーストリートマーケットをはじめ、デンマークやオランダのセレクトショップ、そして日本のビームスなど、着実に広がりつつありました。とはいえ、どのセレクトショップも各バイヤーが僕たちと個人的な面識があったので、商品を取り扱ってくれていました。そこから先の新しい販路がなかなか広がりませんでした。着実に手ごたえを感じていたものの、この頃にはまだ僕も清史もデザイナーや美容師の仕事で稼いだお金を、自分たちの会社に投資するという状況が続いていました。

また同じ頃、会社の法人登記をデンマークからイギリスへ移しました。デンマークの法人税が高額だったのも理由の一つですが、何よりロンドンでヘアサロンの経営をしていた清史から、「会社の経営をハンドリングさせてほしい」と申し出があったからです。考えてみれば、それまで僕たちの役割分担は曖昧なままでした。

清史はヘアサロンの経営で多忙を極めていたので、自然と僕が会社の経営をコントロールしてきましたが、僕一人に多くの負荷がかかるようになり、ストレスから清史やウラに当たってしまうことも多々ありました。清史からの申し出は、〝自分ももっと積極的に「ザ イノウエブラザーズ」に関わっていきたい〟という前向きな変化の表れでもあったと僕は受け止めました。その後、話し合いを重ねた末に、会社の本拠地をロンドンへ移したのです。

生産拠点も変わり、経営体制も新しくなった。後はソーシャルビジネスとしてのアルパカプロジェクトをさらに成長させていくのみです。どれだけ社会貢献やエシカルを謳《うた》っても、ビジネスとして成り立たなければ、アンデスで暮らす人たちを幸せにすることはできません。考えることは山積みでした。

そんな中、エンリケからある知らせが届きました。インカグループで生産を請け負っているパリにある有名なファッションブランドが、ロイヤルアルパカを使って商品を製造することに決まったというのです。

僕は愕然としました。そこは自分たちよりも遥かに知名度も影響力もあるファッションブランドです。そんなブランドがロイヤルアルパカを使って服を作り、それがひとたび市場に出回るとどうなるか。僕たちの独自性は損なわれ、存在が埋もれてしまうことは明白でした。

どうすればこの状況を打開できるのか。僕と清史は率直に僕たちの悩みをエンリケに打ち明けました。するとエンリケから次の言葉が返ってきました。

「この一年間、俺は『ザ イノウエブラザーズ』が実践してきたことを見てきて、お前たちの魂を感じた。そこで、ぜひ紹介したい人がいる。アルパカの生態や、先住民の文化、アルパカビジネスの現状も含めて、その人以上にアルパカに関する知識を持ち合わせている人を俺は他に知らない。二人をぜひその人に会わせたいんだ」

彼が語るその人の名は、アロンゾ・ブルゴス。アルパカ研究の第一人者で、僕たちが「アルパカ先生」と呼んで、心から慕っていくことになる人でした。

二〇一一年二月。僕と清史は二度目のペルー視察を行いました。この時、エンリケが連れて行ってくれたのが、アロンゾさんが設立したパコマルカ研究所でした。

そこは二〇〇〇年に建てられた、アルパカ繊維の品質向上の研究に取り組み、アルパカ繊維をより良く商品化するためのノウハウを周囲の牧畜民に伝えるための研究所です。パコマルカ研究所はアレキパの西約三〇〇キロ、アンデス山脈のほぼ中心に位置するプーノという町の中にあり、広大な牧場を所有していました。プーノは〝インカ帝国始まりの地〟とも言われており、今も先住民の文化が色濃く残る場所です。

パコマルカ研究所へは、車でアレキパを出発して、アンデスのふもとの荒野、そして山道を登るなどして約七時間かかります。青空の広がる荒野の中に敷かれた一本道を走りながら、車中でエンリケがアロンゾさんの生い立ちなどについて詳しく聞かせてくれました。

アロンゾさんは一九六三年、ペルーに生まれました。スペインとイギリスにルーツを持っており、金銭的に恵まれた家系で育ちました。ペルーの高校を卒業すると、アメリカのテキサス州で大学に進学。大学では経済学やビジネスの勉強をしたそうです。

南米ではアメリカで教育を受けることは、将来の社会的成功が約束されているのも同然で、多くのペルーの富裕層たちは自身の子どもをアメリカの大学に進学させました。いわば、アロンゾさんはペルー社会のエリートコースを歩んでいたのです。

ところが、大学進学後、アロンゾさんは自身の人生の方向性を大きく転換します。彼が大学に進学した当時、アメリカではヒッピー文化がいまだ大きな影響力を持っていました。既存の道徳観や生活様式への反発が根底にあるヒッピー文化では、物質的な豊かさよりも精神的な豊かさを重んじ、また人種差別への反対や地球環境の保護などが強く叫ばれました。アロンゾさんは、そんなヒッピー文化に徐々に感化されていきました。

決定的だったのは、アメリカで人種差別が行われている現場に、アロンゾさん自身が何度も居合わせたことでした。〝南米の富裕層が理想としてきたアメリカでさえ、現実にはこれほどひどい差別が横行している。思えば、ペルーでも先住民はひどい差別を受けている。それにもかかわらず、どうして自分は今までずっと無関心でいられたのか〟と、自身のこれまでの人生を顧みざるを得ませんでした。

アメリカ留学を終えペルーに帰国したアロンゾさんは、両親を前にして、あらたまってこう告げました。

「僕は、ペルー社会が長年にわたって見下してきた先住民の文化や歴史に興味を持っている。二人がもし許してくれるのならば、大学卒業後は企業に就職するのではなく、バックパッカーとしてペルーの国中を旅したい。自分の目でこの国を見つめ直して、ペルーに根づく文化を学びたいんだ」

高いお金を払ってわざわざアメリカの大学に進学させた両親としては、卒業後はアロンゾさんに有名な企業などに就職してほしいと望んでいたでしょう。しかし、アロンゾさんの決意はすでに固まっていました。間もなく、若きアロンゾさんは、バックパックを背負ってペルー国内を巡る旅に出ました。

アロンゾさんが先住民とアルパカに出会ったのは、その旅の途上でした。当時のペルー社会では、先住民の文化や生活様式などは人々から見向きもされていませんでした。アルパカの生態や、先住民の文化においてアルパカが担ってきた役割などを知る人はほとんどおらず、先住民の文化や歴史は存続の危機にありました。

先住民たちに寄り添う中でそうした実情を知ったアロンゾさんは一人立ち上がり、アルパカや先住民の生活様式などについてリサーチを始めました。そして、本格的に先住民を支援するために一九九二年からプーノで足場を固め、二〇〇〇年にパコマルカ研究所を設立。自宅のあるアレキパから車でプーノまで通い、週の半分は研究所で先住民のスタッフたちと一緒に寝泊まりをして働いているのです。

パコマルカ研究所は、設立当初からインカグループに属していて、グループから資金面の援助を受けていました。エンリケはアロンゾさんを心から慕ってはいましたが、グループ内ではアロンゾさんに対するネガティブな評価が少なくありませんでした。経済的合理性を第一に求める経営陣には、アロンゾさんの取り組みは遠回りかつ利益を生まないものとして映ったのです。

車中でエンリケの話に耳を傾けながら、僕はまだ会ったこのないアロンゾさんに強い共感を抱いていました。アロンゾさんは、最も苦しんでいる先住民の人たちに心から寄り添っていた。それだけでなく、アロンゾさんがかなり早い段階からソーシャルビジネスの考え方に立って、先住民を経済的に豊かにし、アルパカの生態環境の改善を図っている。いったい、どんな人なのだろうか。一刻も早く会って話がしたい。

アレキパを未明に出発した僕たちの乗る車は、正午前には「世界で最も高い場所にある湖」と言われる標高三八九〇メートルに位置するチチカカ湖の湖畔に到着しました。そこからさらに未舗装の道を進むと、野生のビクーニャ（一五三ページ参照）の群れが目に飛び込んできました。アロンゾさんの待つパコマルカ研究所まであと少しです。

アロンゾ・ブルゴスさんとの出会い

アロンゾさんはパコマルカ研究所の入口で、僕たちを温かく出迎えてくれました。

短髪の白髪頭で眼鏡をかけたアロンゾさんは一見すると大学の先生のような佇《たたず》まいでしたが、息子くらい年齢の離れた僕たちに対しても全く偉そうにすることはなく、気さくに話しかけてくれました。

街から遠く離れた辺境の地に拠点を置くアロンゾさんですが、彼は決して社会から遊離した隠遁者《いんとんしゃ》のような人ではありませんでした。むしろ、時代と一緒に自身を常にアップデートしていく人です。アルパカのことについてはもちろん、さまざまな分野において非常に博識で、貪欲に新しい知識や技術を習得し、テクノロジーの進歩にも機敏に適応していました。語学も堪能で、スペイン語と英語以外にも、先住民の話すケチュア語にも精通していました。

アロンゾさんと一緒にいると、僕は不思議とほっとした気持ちになれました。その後に、アロンゾさんに会ったたくさんの人たちが彼を慕っていく姿を、僕たちは何度も目の当たりにしました。

アロンゾさんは僕たちとの歓談の後、パコマルカ研究所を案内してくれました。約千八百頭のアルパカが放牧されている広大な土地の中に立つパコマルカ研究所。簡素な見た目の建物ではありますが、研究所の隅々までスタッフの手入れが行き届いていて、とても清潔で居心地の良い空間でした。そして、そこで行われているのは、科学的知見に基づいた最先端の取り組みでした。

アロンゾさんの説明によると、アルパカ繊維の質を決める最も大切な要素は、アルパカの「純血度」です。そこでアロンゾさんは複数の観点から研究所で飼育しているアルパカのステータス（状態）を数値化し、それを独自に開発したソフトで管理し、より良い交配の組み合わせを選定していました。

「アルパカの遺伝的改良が進み、品質の向上した繊維が市場で適正な価格で取引されれば、最終的には先住民の生活様式を保護することにつながるんだ」と、アロンゾさんは語ってくれました。

アルパカの飼育を担当する多くは女性です。彼女たちの夫は出稼ぎ労働者となり、生活費を稼ぐために、危険な鉱山採掘の仕事に就いたりしています。心を込めて飼育したアルパカが適正な価格で取引されれば、先住民の家族たちは離ればなれにならずに済み、彼らの生活様式や文化が保護されることになるというわけです。

しかし、それは口で言うほど簡単なことではありません。アルパカの原毛は、仲介業者によっ

アロンゾさんとパコマルカ研究所の広大な敷地で話す著者（写真 Marine Gastineau）

て不当な価格で買い取られ、先住民を搾取する構図が出来上がっていましたし、アルパカの原毛にどれほどの商品価値があるのか先住民自身も正確に認識していませんでした。いかにして搾取する構図をなくし、アルパカを飼育する人々を賢くするのか。それがアロンゾさんにとって大きな課題の一つでした。

まずは、アロンゾさんは地域の先住民の住まいを一軒一軒訪ね歩き、彼らと粘り強く信頼関係を築いていきました。そして、パコマルカ研究所で牧畜民を対象としたセミナーを開催し、アルパカの毛の正しい刈り方や、部位によって価値が違うことなどを地道に訴えました。最初はアロンゾさんの話に懐疑的だった牧畜民たちでしたが、今では数日かけて研究所までやって来てセミナーに参加してくれています。

アロンゾさんの話を聞くにつれて、僕たちは〝アルパカプロジェクトの規模が大きくなりさえすれば、アルパカに携わる人々は幸せになるはずだ〟という具体性のない自分の考えがどれほど浅はかだったか思い知らされました。アロンゾさんはアンデスの人々の生活様式や文化を守るという大きな目的意識を持っており、百年後のアンデスを見据えながら、地道な行動を通して、目の前の先住民とアルパカに寄り添っていました。

アロンゾさんがアルパカの遺伝的改良に真剣に取り組み始めたのには、あるきっかけがありました。ある時、リサーチのために訪れたリマのアルパカミュージアムで、アロンゾさんは衝撃の事実に触れました。それは、インカ帝国時代のアルパカ繊維が、今のトップクオリティのアルパカ繊維よりも遥かに優れていたことでした。

言うまでもなく、インカ文明が栄えた約千年前と比べて、現代のほうがテクノロジーをはじめあらゆる面において進歩しているはずです。それにもかかわらずアルパカ繊維の品質は低下していたのです。そこには気候変動の問題や、「大量生産・大量消費」の弊害、先住民の貧困問題など数多くの要因が複合的に横たわっていました。アロンゾさんの活動は、アルパカが本来持つクオリティを取り戻し、その価値を高め、アンデス地域にサステイナブルな社会を築くことだったのです。ＳＤＧｓという言葉が生まれるずっと前から、アロンゾさんはこの地でそんな取り組みを続けていたのでした。

〝世界一のアルパカ製品を作りたい〟と豪語しておきながら、僕たちはあまりにもアルパカやアンデスの文化について無知でした。恥を忍んだ上で、今後アルパカプロジェクトを進めていくにあたって今の僕たちに足りないものや、どうすれば本当の意味でアンデスの人々の力になれるかなど、率直にアロンゾさんに相談しました。アロンゾさんは一つ一つの質問に誠実に答えてくれました。

パコマルカ研究所が飼育しているアルパカの毛質はどれも滑らかで柔らかく、僕たちがこれまでに見てきたものを遥かにしのぐクオリティでした。アロンゾさんによると、それらのアルパカの毛からは、当時僕たちが使用していたロイヤルアルパカを超える品質の糸を紡ぐことができるとのことでした。しかし、そのことを以前、インカグループに属する紡績会社に提案したものの、費用対効果が悪すぎるという理由から断られてしまったのです。それ以降、アロンゾさんはその糸の商品化をすっかり諦めてしまいました。

僕たちは、パコマルカ研究所で作られたアルパカ繊維こそ〝世界一〟と呼ぶにふさわしいクオリティではないかと強く確信しました。しかも、研究は現在進行形で、アロンゾさんはアルパカ繊維の品質向上を求め続けているのです。アロンゾさんと協力関係を結び、パコマルカ研究所で育てるアルパカの原毛を使用し、素材の良さをしっかりと引き出したアルパカニットを作ることができれば、きっと〝世界一のアルパカ製品〟が生まれるはずです。「ザイノウエブラザーズ」のアルパカプロジェクトを発展させるためには、アロンゾさんの協力が絶対に必要です。

僕たちは、そんな思いをストレートにアロンゾさんに伝えました。

一方で、アロンゾさんも、この頃は人知れず大きな悩みを抱えていました。

パコマルカ研究所での滞在中、アロンゾさんからも僕たちに対して一つの要望が伝えられました。それはパコマルカ研究所に、金銭的な面でサポートをしてくれないかという切実なお願いでした。実はその当時、二〇〇八年に起きたリーマンショックの影響を受けて、パコマルカ研究所ではサポート企業からの寄付が大きく減ってしまいました。しかも、サポート企業からパコマルカ研究所に対して、将来的に独立した運営を求められていました。

当時の僕たちには、金銭面で誰かを助ける余裕など全くありませんでした。しかし、アロンゾさんと出会って、さまざま語り合う中で、この人以上にアルパカのことに詳しく、先住民の幸せを真剣に考えている人はいないと僕たちは心の底から実感していました。ほんの気持ちばかりの金額でしたが、その時の僕たちにできる最大の寄付をパコマルカ研究所にしました。そして、「ザ イノウエブラザーズ」とパコマルカ研究所で正式にパートナーシップを結び、これから互いに支え合っていくことを約束しました。

雪のない聖山

パコマルカ研究所へ通い、アロンゾさんと多くの時間を過ごす中で、認識を新たにするようになったことがあります。それが気候変動の問題についてです。

　ある日、アレキパからパコマルカ研究所へ向かう車中で、窓の外を見ながらアロンゾさんがこう呟きました。

「最近は、雪のないミスティを描く子どもが増えているんだ」

　アロンゾさんの視線の先には、荒野の中に広い裾野を従えたミスティ火山がそびえ立っていました。標高五八二二メートルのミスティ火山は、アレキパの街のどこからでも目にすることができ、先住民にとっては神聖な山の一つに数えられています。彼らの伝説や詩の中でもミスティの美しさはたびたび謳われてきました。山容が富士山にも似ていることから、日系ペルー人の間では〝ペルー富士〟という愛称で呼ばれているそうです。

　ミスティ火山の山頂はかつて、一年を通して雪に覆われていました。ところが、近年では気候変動の影響で、雪が解けてしまうこともあるのです。

「今では二種類のミスティが生まれてしまった。昔の子どもたちは、山頂部に白い雪の積もったミスティしか描かなかった。けれども、今では、雪のない茶色のミスティを描く子どももいるんだ」と、アロンゾさんは淡々とした口調で話しました。

　気候変動の問題は、人々の生活のさまざまな面に影響を及ぼします。中でも気温の上昇によって、アンデスに引き起こされる大雨や洪水は、先住民の居住環境を直接的に脅かします。さらに、そうした水害は感染症のリスクも高めます。都市に住んでいれば治療できる感染症でも、アンデスの先住民たちにとっては、生命の危険に関わる事態となります。気候変動によって水の動きが変わることで、最初に影響を受けるのは、劣悪な環境下で住む人々なのです。アロンゾさんからそうした話を聞きながら、またアンデスの先住民たちとともに働く中で、環境問題が人間の生存に深く関わっているという事実をより深く認識するようになりました。

地球環境はすべてつながっていて、循環し続けています。そのつながりは、地域的な横のつながりだけでなく、世代を超えた縦のつながりでもあります。今を生きる僕たちは、未来の世代から地球資源を預かっているのです。

車から降りて、アンデスの雄大な自然の中で深く息を吸い込むと、その力強さと美しさを感じずにはいられません。人は決して自然を支配することはできない。自然を大切にし、自然のサイクルを尊重することは、僕たち自身を守り、そしてこれからの未来を生きる子どもたち、その先の未来を生きる人々の暮らしを守ることでもあるのです。

再びパリへ

パコマルカ研究所への初訪問を終えて、ヨーロッパへ戻った僕たちには以前のような迷いはもうありませんでした。もちろん、会社の経営状況はまだまだ厳しい状況が続いていましたが、アロンゾさんという強力なパートナーを得て、自分たちの進むべき道がより明確になりました。

まず、より多くの利益が先住民たちに還元されるように、僕たちはこれまで以上にダイレクトトレードを徹底して行うようにしました。また、パコマルカ研究所やその関係する生産者からアルパカの原毛を購入する時は、彼らの言い値に従うというルールを自分たちに課しました。彼らは実際に上質なアルパカを飼育していましたし、僕たちがそのことに対してリスペクトを示すことで、彼らをエンパワーしたかったのです。ビジネスを通じて、アルパカ産業に携わる生産者が幸せになれば、彼らはきっとこれまで以上にアルパカを大切に育てるはずです。サステイナブルといっても、すべてはそこに携わる人々の幸せから始まります。

一方で、継続的に牧畜民を支援していくためには、きれいごとだけを口にしていても何も始まりません。「ザ イノウエブラザーズ」として、パコマルカ研究所とともに新たに作るアルパカニットの売り上げを伸ばさなければなりません。僕たちは次の新作コレクション発表の照準を二〇一二年の夏に開催される「二〇一二年―二〇一三年秋冬コレクション」にしぼり、パコマルカ研究所関係の生産者から買い取ったアルパカ繊維を使って、新しいカーディガンやセーターを製作しました。

また、この時のコレクションには、アルパカ製品の他に、リミテッド・エディション（限定版）として、ビクーニャの繊維を使ったニットも販売しました。ビクーニャとはアンデスに生息するラクダ科の動物で、臆病な性格と縄張りを作る習性から家畜化が難しいとされています。そんなビクーニャは〝神の繊維〟とも称される極めて質の高い天然繊維を持つことで有名で、インカ帝国時代には王族のみがビクーニャで作られた衣服を着用できたとも伝えられています。単に市場価値のみで言えば、カシミヤの十倍ほどの価格で取引されている高級品です。

ビクーニャはその希少性の高さから歴史的に何度も乱獲や密猟被害に遭い、一時は絶滅も危惧されるほど個体数が減少しました。その後、ペルー政府が保護の観点から、希少動物の国際的な取引を規制するワシントン条約を批准し、ビクーニャの乱獲には歯止めがかかりました。

アロンゾさんにはビクーニャに関係する夢がありました。その夢とは、インカ帝国時代から伝わる「チャク」という伝統儀式を現代に蘇らせるというものです。チャクとは、大勢でビクーニャの群れを囲み、その中から優れたビクーニャを選定し、毛を刈り取る儀式をいいます。ビクーニャの個体数の減少により途絶えてしまったこの伝統文化を復活させたいとアロンゾさんは願っていたのです。

そこで、アロンゾさんはワシントン条約の保護下にあるビクーニャの毛を採取するために政府とある交渉を行いました。それはビクーニャの毛の採取権をアンデスに暮らす先住民にだけ与え、その保護責任も先住民に負わせるというものでした。さらに、ビクーニャ繊維の取引で生じた利益はすべて先住民に還元するという仕組みまでアロンゾさんは提案したのです。その結果、政府がワシントン条約の本部に訴えかけ、ビクーニャの毛の取引が許可されるようになったのです。現在アンデスに生息するビクーニャの数は、この取り組みを始める前の約九万頭から倍の十八万頭にまで増加しました。そして、一九九三年には念願のチャクを復活させることができました。

アルパカとビクーニャで作った渾身《こんしん》の作品を携えて、僕たちは新作コレクション発表会が行われるパリへと向かいました。パリでのコレクション発表は、初めてボリビアを訪れた翌年の二〇〇八年に僕が単身で乗り込んで以来、四年ぶりです。アルパカのことも、服作りのノウハウも何も知らなかったあの頃と比べて、知識も経験も少しは増えましたし、何よりアロンゾさんやエンリケという強力な仲間たちに恵まれました。胸を借りるつもりで僕たちはパリへと乗り込みました。

この時のコレクション発表での最大の収穫は、日本で多数のブランド・セレクトショップを擁するトゥモローランドでバイヤーを務めている竹田英史《ひでふみ》さんと出会えたことです。竹田さんは、清史から僕たちのこれまでの取り組みを二時間近く立ち話で聞いてくれ、後日、大量のアルパカのコレクションだけでなく、ビクーニャのコレクションも発注してくれました。ビクーニャで作ったニットは、他のブランドが出しているものよりは価格を抑えられたとはいえ、それでも一番安いセーターでさえ四十万円しました。「無名のニットブランドが作る高価なアイテムを買ってくれる人がいるのだろうか」と自分たちでさえも思っていたので、この発注は大変に驚きましたし、大きな自信にもなりました。トゥモローランドは、現在も「ザ イノウエブラザーズ」のアルパカニットやストールなどを数多く取り扱ってくれています。

Tohoku Project

僕たちにとって忘れられない、いや、忘れてはならないことが、アロンゾさんと初めて出会ったペルーの旅から僕たちがヨーロッパに戻った直後に発生しました。東日本大震災です。地震後に巨大な津波が街を次々と飲み込んでいく恐ろしい光景は、ヨーロッパのテレビでも何度も繰り返し放送されました。あまりにも悲惨な出来事を前に、僕たちは言葉を失い、一人でも多くの被災者の無事を心から祈ることしかできませんでした。

僕たちに何かできることはないだろうか——東北地方の歴史や文化について学ぶ中で、東北には織物をはじめとする優れた伝統工芸品が数多く残っていることを知りました。東北にある大小さまざまな繊維工業は、日本だけでなく世界に向けて、多くの衣服を作ってきたのです。

しかし、震災以降、生産態勢が不安定になったことへの懸念から、多くのアパレル企業が東北での生産をキャンセルする事態となっていました。そこで「ザ イノウエブラザーズ」として、服作りを通した支援活動の「Tohoku Project」を開始しました。

さまざまな人脈を当たる中で、福島県田村市船引町にある小さな縫製工場を紹介してもらい、早速僕たちは現地を訪れました。震災直後の混乱した時期ではありましたが、工場主の方は「白Tシャツなら作れる」と言ってくれ、震災発生二カ月後には、僕たちがデザインしたTシャツを生産することができました。

さらにこのプロジェクトに賛同してくれたアメリカのダンス・パンク・バンド、LCDサウンドシステムのジェームス・マーフィーや、ファッションデザイナーの藤原ヒロシといった友人たちが、それぞれTシャツのデザインを進んで引き受けてくれました。

今でも東北ではTシャツをはじめ、別プロジェクトで制作したTシャツやスウェットなどを生産しています。「ザ イノウエブラザーズ」の基本方針として、原産地の雇用を生み

東北・福島県田村市船引町の小さな縫製工場

出すために、基本的にすべての生産作業をその土地で行うようにしています。それでもいくつかの別プロジェクトの生産をあえて原産地ではない東北で行う理由は、震災から時間が経つにつれて、東北への社会の関心が次第に薄れ、震災を知らない世代も増えていると思ったからです。

地域や産業によっては、震災前の水準まで回復していないところがまだまだありますし、何より〝心の復興〟においては単なる時間の経過でその進度を計ることはできません。僕たちはこれからも東北に寄り添い続けていきます。

二〇一二年のパリでのコレクション発表の場で竹田さんと出会ったのをきっかけに、僕たちは日本での販路拡大を真剣に考えるようになりました。ちょうど東北プロジェクトが始動したばかりで、これから日本出張の機会も増え始める時期でもありました。

それまでは〝世界中にメッセージを届けたい〟という思いだけが先走りすぎて、特定の国・地域に狙いを定めて市場を開拓していくという発想を持っていませんでした。竹田さんが僕たちの取り組みに賛同してくれたことで、「日本でのPR活動にもっと注力したほうがいいのではないか」と僕たちも思うようになったのです。

結果として、この試みは非常に功を奏しました。この頃を境に、会社の経営はようやく軌道に乗ることになります。

世界一のアルパカニット

「『ザ イノウエブラザーズ』にまとまった量のアルパカの原毛を提供できそうだ」

アロンゾさんからその連絡が入ったのは、初めてアルパカ研究所を訪問してからちょうど一年後の二〇一二年の二月でした。

アロンゾさんは、パコマルカ研究所とつながりの深い地域の住民たちから原毛をかき集めてくれました。それをロイヤルアルパカよりも優れた繊維にするためには、インカグループ内の紡績会社の力を借りなければなりません。ただ、先述したとおり、インカグループ内には経済的合理性を重んじる気風があり、僕たちの取り組みには耳を貸さない可能性がありました。事実、アロンゾさんは過去に同様の交渉を行っており、その際には全く見向きもされなかったそうです。

清史、エンリケ、そしてアロンゾさんと入念な打ち合わせを重ねて、僕たちは紡績会社の幹部のもとへ直談判に行きました。難しい交渉になると覚悟して臨んだところ、予想外に相手は終始、前向きな姿勢で対応してくれ、こちらの要求を快諾してくれました。後から知ったことですが、エンリケが事前に入念な根回しをしてくれていたのでした。

アロンゾさんが集めてくれた原毛は全部で二百キロ。ニットにすると全部で七百着ほどにしかなりません。それでも、ロイヤルアルパカを超える品質のものを作っておくことが大事なのです。なぜなら、そのことは、アルパカの価値をさらに高めることにつながり、アンデスの先住民たちに利益をもたらすことにつながるからです。

僕たちにとって、アルパカの製品を作る同業他社は、単なる商業的な競争相手ではありません。僕たちは彼らと商業規模の大きさを競っているのではないのです。企業間での健全な競争を通して、アルパカの可能性を広げ、より優れた商品を作り出し、世界中の消費者にアルパカの価値を知らしめ、市場を大きくする。さらに、生産者とダイレクトトレードやフェアトレードを行うことで、彼らの暮らしをしっかりと守る。このことで、企業・消費者・生産者の三方に長期的なメリットを生むことができるはずです。同業他社は、こうしたエコシステム（共存共栄の仕組み）を構築するための〝協力相手〟でもあります。

僕たちは、アロンゾさんが集めてくれたアルパカの原毛を、「シュプリーム・ロイヤルアルパカ」と名づけました。シュプリームは「最高級の、至高の」という意味。ロイヤルアルパカの質をも凌《しの》ぐアルパカの繊維を手にして、僕たちの〝世界一〟への決意はいよいよ深まりました。

二〇一三年一月。シュプリーム・ロイヤルアルパカとビクーニャのコレクションを引っ提げて、僕たちはパリのコレクション展へ臨みました。さらにその翌月には東京の代官山にあるデンマーク大使館の協力を得て、大使館公邸でコレクション展を開催しました。

これまで以上に周到に準備をし、「ザ イノウエブラザーズ」史上で最高のクオリティの商品を揃《そろ》えて挑んだ二カ所のコレクション展。結果は数字に如実に表れました。コレクション展を終えて、それまで日本では二カ所しかなかった取引先が、十三カ所にまで急増したのです。

日本での販路が拡大したことを受けて、同年九月にはデンマーク大使館公邸で再びイベントを開催することになりました。そこでは、アルパカ製品に加えて、アンデスの様子を収めたショート・フィルムを上映しました。僕たちがこの事業にかける思い、そしてアンデスの素晴らしい文化を来場者に伝えたかったのです。

この時のイベントに、僕たちはペルーからアロンゾさんを招待しました。それまで一人で先住民の暮らしと文化を守るために奮闘してきたアロンゾさんの功績を、多くの人に知ってもらいたかったからです。

その翌日、僕たちはアロンゾさんを連れて新宿の伊勢丹メンズ館を訪れました。そこには、世界の名だたるブランドに並んで、「ザ イノウエブラザーズ」のコレクションが置かれていました。シュプリーム・ロイヤルアルパカで作ったニットには、アロンゾさんへの敬意を表して、「Pacomarca」との名前入りタグをつけています。

アロンゾさんは、僕たちが丹精を込めて作ったアルパカニットを手にして、「ようやく世界のブランドと肩を並べることができた」と涙をこぼしながら語りました。この短い言葉から、アロンゾさんの人知れぬ苦労がうかがわれ、僕たちも胸が熱くなりました。

現在、アルパカプロジェクトは名実ともに会社を代表する事業にまで成長しました。それは単に収益の規模だけを指すのではありません。社会問題を解決するためのソーシャルデザインの実践、当事者の暮らしを守るための公正なダイレクトトレードの実施、そして事業に携わるすべての人に利益を生むサステイナブルなビジネスモデルの構築など、あらゆる観点において「ザ イノウエブラザーズ」のモデルケースになっていることを意味します。

僕たちにとって、アルパカプロジェクトは一つの達成であると同時に、次のプロジェクトに向かっての新たなスタート地点でもあります。

世界には、まだ数多くの社会課題を抱えた地域があります。不条理な現実に直面して、苦しんでいる人たちが多くいます。

僕たちの〝旅〟は、まだ始まったばかりです。

新たな夢に向かって

「日頃から一流のものに触れるんだ。そして、何をするにしても常に世界一を目指しなさい」

生前に父は口癖のように僕たちにそう語り聞かせました。ガラス作家だった父もその言葉どおり、一切の妥協を排して自身の創作に向かっていました。

会社を立ち上げた時から、どんなプロジェクトを行うにしても、〝世界一〟を目指すと心に決めていました。僕自身、負けず嫌いな性格なので、自分たちで会社をやるからには、決して中途半端なことはせず、最高の商品を作り出したいという気持ちが強くあります。

「世界一を目指せ」という父の言葉を今になって振り返ると、それは「自分のやっていることに自信を持て」という意味だったのではないかと感じることがあります。

成功するかどうか分からないことに取り組んでいる時や、到底乗り越えられそうにない壁にぶつかった時、誰しも大きな不安を感じます。僕も初めてボリビアに行ってから、アルパカプロジェクトが軌道に乗るまで、まさにそうした不安の日々を過ごしていました。何度も心の中で、「聡、お前の作っているアルパカニット以上のものはこの世には存在しない。だから自信を持て」と、自分を奮い立たせてきました。

僕は決して他者を蹴落として、自分が独り勝ちするために〝世界一〟を目指しているのではありません。諦めそうになる時、自分で自分を励ますために、再び挑戦する勇気を取り出すために、〝世界一〟を目指すことを自らに課しているのです。

アルパカプロジェクトが軌道に乗った今、僕たちには実現したい新たな夢があります。それはパコマルカ研究所の後を継ぐことです。

アルパカ研究において、パコマルカ研究所は世界一のクオリティを誇るだけでなく、アンデスの文化保護や地域住民の生活の改善などにおいても重要な役割を果たしています。アロンゾさんが人生をかけて取り組んできたこれらの活動を、僕たちが引き継いでいきたいのです。

パコマルカ研究所に活動資金を提供する投資家の中には、自身の利益しか考えていない人も少なくありません。そうした人たちにも研究所の理念や取り組みに納得してもらうためには、アルパカプロジェクトの規模をさらに大きくし、ビジネス面でより大きな成功を収めなければなりません。

「アルパカニットの生産はサステイナブルな取り組みなので、ぜひ協力してください」と倫理的に訴えるだけでは動かない人がいます。「サステイナブルだからこそ、これだけの利益を上げることができた」と、ソーシャルビジネスとしての経済的合理性をしっかりと示すことが大切だと僕は考えています。

その事業に携わるすべての人たちが豊かになる——そんな新しいビジネスモデルを社会に定着させるには、何世代にもわたる人々の努力が求められます。

「そんなことは理想にすぎない」と笑う人もいるかもしれません。でも、本気の・人が立ち上がれば、必ずその理想は叶えられると僕は信じています。

アロンゾさんから、パコマルカ研究所というバトンを受け継ぐことは、その長い道のりにおける大きな一歩になります。

誰も成し遂げていないことに挑戦できる喜び。それを全身で感じながら、この道のりを僕たちは歩み続けていきます。

世界で働くための三つの武器

これまで世界のさまざまな場所で仕事をしてきました。そこでは気の合う仲間だけでなく、異なる価値観を持つ人たちともコミュニケーションを取りながらプロジェクトをともに進めてきました。

世界を舞台に仕事をするにあたって、自分の人生を振り返った時に、〝武器〟になったと感じる経験が三つあります。

一つ目は、母語以外の言語を学んで、海外に出たことです。僕の場合は、家の中では両親と日本語で会話し、家の外でデンマーク語に触れられる環境がありました。ただ、英語に関しては皆さんと同様に、学校で一生懸命に学び習得しました。

僕自身は英語を習得したことで、交友関係や仕事の幅がぐっと広がりました。そして、旅行や出張などでデンマークを何度も離れるうちに、次第に世界のこととデンマークのことを客観的に見つめられるようになりました。訪問した先の人々と話したり、現地のグルメを食べたり、美術館を訪れたりする中で、各国の常識はもちろん、土地が人に与える影響や、美意識の違いなど、多くのことを肌で感じてきました。

皆さんにもぜひ外国語を学び、一度日本から出てほしいと思っています。英語以外の言語でも構いません。フランス語でも、中国語でも、その国の文化や歴史に興味を持てる言語を学んで、ぜひ日本から離れてみてください。日本、アジア、そして世界のことが少しずつ自分なりに理解できるようになるはずです。

二つ目は政治に関心を持つこと。特に投票というのは、自分が社会や政治について学び、自分が築きたい社会と近いビジョンを持っている政治家に、未来を託す行為です。このプロセスは、自分と社会の関係を考えるための重要なトレーニングでもあると思うのです。〝政治はよく分からないから投票には行かない〟〝人に言われただけで投票した〟という姿勢では、社会に対する明確なビジョンを持つことができません。

世界に出て、自分のことを何も知らない相手と会う時、学歴や経歴などはほとんど意味を持ちません。そこで問われるのはあなた自身の人としての振る舞い、つまり〝人間力〟です。そうした際に、他人と共有できる理想やビジョンを持たない人の話に、耳を傾けてくれる人はいったいどれほどいるか。政治に関心を持つことは、自身のビジョンやアイデンティティを言語化することであり、ひいては自身の人間力を磨く行為でもあると思います。

三つ目は、本当の友人を一人でも作ること。もちろん、そうした友人が多くいるに越したことはありませんが、まずは一人の本当の友人を作ってください。

友人について、僕の好きな仏教の説話があります。

ある時、弟子の一人が釈尊に対して次の質問をしました。

「師よ。善き友を持って、善き友の中にあることは、仏道を半ば成就したことになると思いますが、いかがでしょうか」

すると釈尊は次のように答えたのです。

「善き友を持つことは、仏道の半ばではない。仏道のすべてである」

本当の友人を一人でも持つことが、ビジネスという枠を超えて、人生における最も幸福なことの一つなのだと僕は確信します。

第5章　動き始めた二つのプロジェクト
──「ザ イノウエブラザーズ」の今

南アフリカ共和国へ

子どもの頃に父からアパルトヘイトの実態について聞かされて以来、僕にとって南アフリカは常に心に留めていた国の一つでした。自分自身、差別を経験してきたこともあり、アパルトヘイトをはじめ、世界各地で頻発する人種差別の問題はどうしても他人事とは思えなかったのです。

ほんの一ミリメートルにも満たない表皮の色の違いで、人が人を苦しめたり、命を奪ったりする。どうしてそんな馬鹿げたことを人間はするのか、僕は子どもの頃からずっと考えてきました。実際に小学校から高校まで、作文や論文を書く授業では、ネルソン・マンデラ、ガンジー、マーチン・ルーサー・キング・ジュニアらを取り上げ、人種差別の問題を一貫して書いてきました。彼らから学んだ〝不正に立ち向かう勇気〟〝不屈の精神〟は、僕のバックボーンとなっています。

インド独立の父であるガンジーは、若い頃に南アフリカで受けた人種差別がきっかけとなり、その後にインドでの非暴力・不服従の抵抗運動を指揮していきます。アパルトヘイトに反対したネルソン・マンデラは、ケープタウンの沖合約十二キロメートルに位置するロベン島と、市内の郊外の監獄に計二十七年間も収監されました。しかし、最後は人種の違いを超えてアパルトヘイトに反対する人々の力を糾合し、同法律の撤廃を実現しました。南アフリカには、人種差別に反対してきた闘士たちの魂が刻まれています。

「将来は南アフリカの人たちと一緒に何かをしたい」という思いを、僕は子どもながらに漠然と抱いていました。

それは「ザ イノウエブラザーズ」を立ち上げ、アルパカプロジェクトに着手し始めて間もない二〇〇九年のことでした。

その日、僕はデンマークで行われた大好きなレゲエのライブイベントを観に行きました。

ライブが始まり、間もなく会場全体の盛り上がりは最高潮に。その中で、ふと僕は会場の隅の壁際に白人男性が独り静かに佇んで、ステージを見つめていることに気づきました。彼がいるところだけ、周りと流れている空気が少し違っているようでした。

その時、僕は誰かに背中を押されたように、その男性のもとへ近寄り声をかけました。それは普段の僕ならほとんど取らない行動でした。

彼の名前はザンダー・フェレイラといい、南アフリカ共和国の出身だと教えてくれました。彼はアフリカの文化を写真や音楽などを通して世界に発信しているアーティストでした。

その話を聞いた瞬間、僕はほとんど反射的に、「ぜひ友達になってくれ！」と叫びました。ザンダーは、突然現れた男の突拍子もない言動に、目を丸くしていました。

僕はザンダーに、自分が「ザ イノウエブラザーズ」というソーシャルデザインスタジオを経営していること、社会的に弱い立場にある人のために働きたいと思っていること、南アフリカでもプロジェクトを始めたいと思っていることなどを赤裸々に語りました。

「俺は南アフリカにずっと行きたかった。けれど、南アフリカ出身の友達が一人もいないんだ。だから、ぜひ君に俺の友達になってほしい」

ザンダーと出会った二〇〇九年は、ちょうど翌年にサッカーW杯の南アフリカ大会を控えた年でした。サッカーが大好きな僕はこの大会をとても楽しみにしていたし、南アフリカ出身のザンダーはこの大会を画期的な出来事として認識していました。というのも、特にヨーロッパではサッカーは〝白人のスポーツ〟と認識されている側面があります。かつて黒人差別が行われた南アフリカでサッカーの世界大会が開かれることに、歴史的な意義があると彼は見ていたのです。

「お前たちがアンデスでやっていることを、来年開かれるタイミングに合わせて、南アフリカでもできないだろうか」と、ザンダーは申し出てくれました。

「ぜひそれに向けて何か一緒にやろうぜ」

僕たちはお互いの手をがっちりと握り合いました。

ネルソン・マンデラのビーズネックレス

二〇一〇年二月、ザンダーの案内のもと、僕と清史は南アフリカ共和国のケープタウンを訪れました。南半球に位置する南アフリカは、ちょうど真夏の季節でした。

大西洋とインド洋をつなぐ港湾都市のケープタウンは、古くはヨーロッパからインドへ向かう船の寄港地として栄えた商業の街でした。ここはヨーロッパからの入植が始まった場所であり、そしてアパルトヘイトが始まった場所でもあります。今では高層ビルがいくつも立ち並び、生活や交通のインフラも整った近代都市として発展しています。

南アフリカは十九世紀後半にダイヤモンドや金などの鉱物が発見されて以来、豊富な鉱物資源を原動力に経済発展を遂げてきました。また、二〇二〇年時点の人口ピラミッドを見ても、三十九歳以下の人口が約七割を占めるなど、高齢化が進む世界の潮流と非常に対照的で、今後も経済成長が期待できる若さあふれる国です。

僕たちがケープタウンを訪れた時も、〝二十一世紀はアフリカの世紀〟と感じさせるほど、街は活況を呈していました。しかし、経済発展の陰には、やはり格差で苦しむ人々がいました。

ザンダーは僕たちをタウンシップと呼ばれる旧黒人居住区に連れて行ってくれました。先ほどまでの華やかな街の様子とは打って変わって、そこはバラック小屋やトタン屋根の寂れた家屋が多く立ち並ぶ雑然とした雰囲気のエリアでした。恐らく大雨や強風にさらされたら、ひとたまりもないでしょう。ザンダーによると、ここは非合法の居住区になるため、家賃や土地代などは一切存在しないとのことでした。ここには低所得で生きる多くの黒人の家族が暮らしていました。アパルトヘイトが撤廃されて十数年経っても、いまだにそこかしこで、負の歴史が黒人社会に影を落としているのです。

ただ、タウンシップには決して殺伐とした空気だけが流れているわけではありませんでした。晴れた空の下では、屈託のない笑顔を浮かべた子どもたちが、歓声をあげながら小屋と小屋の間を走り回っていました。小屋の前にたむろする大人たちは、その光景を目を細くして眺め、時々何か声をかけては笑い合っていました。大変な中で生きていることには間違いないけれど、人々は悲壮感を浮かべるどころか、人生を目いっぱい楽しんでいるように僕には見えました。

この時の旅で、僕は南アフリカに古くから伝わるビーズ細工の存在を知りました。アフ

南アフリカを初訪問――現地の人たちと写真におさまる著者と清史

リカの文化に精通しているザンダーが、タウンシップ内にあるビーズ細工の作り手のグループを紹介してくれたのでした。

南アフリカでは紀元前一万年以上前に、ダチョウの卵の殻で作られた世界最古と言われるビーズが誕生しました。この地においてビーズは、装飾品としてだけでなく、社会的地位の象徴、さらには呪術や儀式の場などでも用いられてきました。ヨーロッパやアジアなど世界各地との交易の際にも、ビーズは貨幣の代わりとして用いられ、この地の発展を支えてきました。南アフリカの歴史において、ビーズは実にさまざまな役割を果たしてきたのです。

その時、僕はふと一枚の写真を思い起こしました。それは、アパルトヘイトに反対したネルソン・マンデラが不当に逮捕される前に撮られたポートレートでした。そこに写るマンデラはいつものスーツ姿ではなく、民族衣装を身にまとい、首には大きなビーズネックレスをかけていました。僕は直感的に恐らくあれは、マンデラ自身のアイデンティティを全身で表しているのではないかと思いました。実際に後から調べて分かったのは、民族衣装もビーズネックレスも、彼の出身民族であるコサ族の伝統文化に根差したものでした。

ビーズ細工の作り手の多くは女性でした。部族の伝統として、女性たちが代々にわたってビーズ細工の技術を継承してきたのです。その一方で、社会が近代化するにつれて、伝統文化としてのビーズの役割は衰退し、観光客向けの商品として扱われている現実がありました。そこでの収入が、南アフリカで地位の低い女性たちの暮らしを支えていました。

話を聞き、リサーチを進めるほど、さまざまな事情がアンデスの先住民に似ていることに気がつきました。それなら南アフリカでも新しいプロジェクトを始められるはずだ。この地の人々の精神性を象徴するビーズを、ソーシャルデザインの力で世界に広め、作り手の人たちをエンパワーし、伝統文化を継承する力になりたい。

そう思って、南アフリカのビーズプロジェクトを始動しました。しかし、後になって、この時の自分たちの考えがいかに甘かったかを痛感することになります。

突きつけられた現実

二〇一〇年二月に南アフリカを訪れてから急ピッチで作業を進めて、その年の春夏コレクションに南アフリカで作ったビーズアクセサリーを加えることができました。当初、ザンダーと話していたとおり、南アフリカW杯の開幕に間に合ったのです。

この時に作ったビーズアクセサリーは、コムデギャルソンが運営するロンドンのドーバーストリートマーケットをはじめ、デンマークや東京のセレクトショップでも取り扱ってくれました。どのセレクトショップも、それが貧困地域に暮らす女性たちが作ったアクセサリーだからという〝人助け〟で仕入れてくれたのではありません。長い歴史の中で磨き抜かれたビーズ細工の質に魅せられて買い付けてくれたのでした。

特にドーバーストリートマーケットの影響力はすさまじく、ビーズアクセサリーは多くのメディアに取り上げられました。メディアを通して、南アフリカのビーズの背景にあるストーリーを丁寧に共有することができ、僕たちの理念に共鳴してくれた人たちがさらに商品を買い求めに来てくれました。

幸先《さいさき》のよいスタートを切ることができた南アフリカのプロジェクトでしたが、ここからが困難の連続でした。

その後、ザンダーは南アフリカのダーバンにあるビーズ細工のコミュニティを僕に紹介してくれました。ケープタウンのビーズは大ぶりのものが多かったのですが、それとは対照的にダーバンのビーズは細かなネックレスやキーチェーンなどの細工を得意としていました。

それぞれの特徴を考慮した上で、ダーバンのコミュニティではネックレスやベルトなどのアクセサリーの生産を行い、ケープタウンのタウンシップのコミュニティではTシャツやタンクトップにビーズを縫いつけたコレクションを生産することにしました。

それぞれのコミュニティで現地のコーディネーターも見つけることができ、いよいよ南アフリカのプロジェクトを拡大させていこうと僕たちは意気込んでいました。

ところが、そんな僕たちの熱意とは裏腹に、僕たちがヨーロッパから現地のコーディネーターの女性に連絡を取っても、反応がスムーズに返ってこないことが徐々に増えていきました。ケープタウンのタウンシップは、インフラが整っていないエリアです。生産や物流に多少の遅れが生じることはある程度は想定していましたが、神経を削られる日々が続きました。

そして、プロジェクトを開始してからちょうど一年が経った頃、現地のコーディネーターの女性が突然、行方不明になり、全く連絡が取れなくなってしまいました。同じコミュニティ内で事情を知る人を見つけて話を聞くと、なんと彼女の弟がギャングに殺害されたというのです。彼女は急遽両親の住む実家へ帰ったものの、そのまま彼女自身も行方不明になってしまったのでした。さすがにこれは事前には全く想定もできなかった事態でした。

現地で信頼できる人を見つけない限り、プロジェクトを進めることはできません。そこで、僕たちは別のコーディネーターを探し始め、なんとか新しい人を見つけることができました。

しかし、二人目のコーディネーターとも、一年も経たないうちに関係を解消することになりました。その人はエイズを発症し、若くしてこの世を去ったのです。あまりにも突然の出来事でした。ただ、その悲しみに浸る間もなく、南アフリカからのビーズを待っているセレクトショップへの納品の期日が近づいていました。悲しみと焦りが同時に湧き起こる中で、僕たちの心身は極限状態にまで追い詰められました。当然、アンデスのアルパカプロジェクトもこれと同時並行で進めています。

ウラも交えて話し合った結果、長く付き合える現地のビジネス・パートナーが見つけられない以上、南アフリカのプロジェクトはいったん休止するしかないとの結論に達しました。

僕は自分自身の経験不足と知識不足を認めざるを得ませんでした。確かにアンデスの先住民と南アフリカの貧困地域の女性たちの境遇は似通っていました。しかし、二つの社会の背景には、全く異なる問題が存在していたのです。南アフリカは、貧富の格差の他に、深刻な治安状況と、世界的に高いＨＩＶ感染率という問題を抱えていました。現地の状況を表面的にだけ見て、杓子定規な対応をして、物事が上手く進むはずがありません。

アンデスよりも不確定要素の多い南アフリカで継続的にプロジェクトを進めるには、「ザイノウエブラザーズ」として長く闘えるだけの〝体力〟をつけなければなりませんでした。

悔しさを抱えながら、二〇一三年に僕たちは南アフリカから撤退しました。

白と黒を越える

南アフリカから撤退した後は、アルパカプロジェクトを軌道に乗せるために最善を尽くし、さらに後述するパレスチナでのプロジェクトで試行錯誤を繰り返すなど、忙しい日々を過ごしていました。しかし、心の片隅には、南アフリカのプロジェクトでの悔しさが常に残っていました。

ザンダーも同様に悔しさを抱えていました。南アフリカのプロジェクトを休止した後も、僕はザンダーと個人的な付き合いを続けていました。ザンダーは、音楽活動や映像制作などのアーティストの仕事を続けながら、アメリカやヨーロッパなど世界各地を巡っていました。時に客観的に南アフリカを見つめながら、白人として生まれた自分が母国で果たすべき使命について、ザンダーは思索を深めていたのでした。

南アフリカでプロジェクトを行うにはやはり、アロンゾさんのような現地で信頼できるビジネス・パートナーを見つけることが必須です。長い間考え抜いた末に、それに相応しいのは、ザンダーしかいないのではないかとの結論に僕は至りました。

「もう一度、南アフリカのプロジェクトにチャレンジして、一緒にリベンジを果たそう」

僕はザンダーと何度も対話を重ねました。そして、二〇二一年から、「ザ イノウエブラザーズ」は再びザンダーとタッグを組んで、南アフリカのプロジェクトに取り組み始めました。

プロジェクトの内容は、二〇一〇年に構想したものと基本的には同じで、南アフリカに伝わるビーズ細工とファッションを掛け合わせるというものです。昔と異なる点は、商品のデザインはすべてザンダーが担っていることです。僕たちは、自分たちが積み重ねてきた経験や人脈を徹底してザンダーにシェアすることで、このプロジェクトに携わります。この頃には、アルパカプロジェクトが軌道に乗り、会社としても新しいプロジェクトに着手できるだけの能力面と資金面の余裕が生まれていました。また、

南アフリカの「白と黒を越えるプロジェクト」——南アフリカに伝わるビーズ細工のプロダクト

ファッション業界の人脈も拡大していて、僕たちにできることは格段に増えていました。

アフリカ全体、そして世界を見渡した時、黒人差別をはじめ、人種差別はいまだに各地で存在しています。特にファッション業界では、白人の資本家が黒人の労働者を奴隷のように搾取してきた歴史があります。現代にも続く「大量生産・大量消費」のビジネスモデルを支えるために、そうした〝巨大な暴力〟が行使されてきたことを看過してはいけません。

だからこそ、僕たちは南アフリカの地で、黒人の作り手たちと同じ目線に立ち、彼らの唯一無二の文化を通して、十分な利益が生まれるビジネスを開始したいのです。他人の犠牲の上に立って、一方だけがより多くの利益を上げる従来のビジネスモデルから、お互いが「ウインウイン」の関係で利益を上げられる仕組みへの転換を本気で考えています。

僕たちは南アフリカのプロジェクトを「白と黒を越えるプロジェクト」と名づけました。随分と時間はかかりましたが、ようやくプロジェクトをローンチ（開始）できる目途が立ってきました。

南アフリカから撤退を決めてから約十年が経ちました。とても苦しく、また悔しさを感じ続けた十年間でしたが、それにも意味があったと今では素直に思えます。なぜなら、この期間にＳＤＧｓという言葉が市民権を得たことに象徴されるように、人々の意識が「本当に良いもの」を求めるようになり、モノ作りの根底にある〝哲学〟にまで目を向ける人が格段に増えたように思うからです。

どこかで、誰かが、苦しまなければならないビジネスなんてもういらない——僕たちの根本にあるこの思いをしっかり届けられるように、プロジェクトのローンチに向けて全力を尽くします。

イスラエルとパレスチナ

アルパカプロジェクトが軌道に乗るにつれて、「ザ イノウエブラザーズ」の取り組みが雑誌やWEBメディアなどで取り上げられることが多くなりました。「良かったな。ようやく苦労が報われたな」と、多くの人が僕たちを祝福してくれました。しかし、僕たちはそれを純粋には喜べませんでした。その頃、僕たちは別の大きな壁に直面していたからです。

僕たちがアロンゾさんと協力して、シュプリーム・ロイヤルアルパカを使った商品の製作に取り組んでいた二〇一二年五月。僕と清史は、中東のパレスチナ自治区を訪れていました。

きっかけは、清史のヘアサロンに通うお客さんの中に、パレスチナで戦禍や貧困にあえぐ人たちを支援している女性がいたことでした。彼女の名前は、レイチェル・ホームズ。僕たちのアルパカプロジェクトを知ったレイチェルは、「あなたたちにパレスチナに伝わる刺繡文化を見せたい」と、僕と清史をパレスチナ視察に誘ってくれたのです。

イスラエルとパレスチナの対立には、宗教間の対立や民族差別の問題、世界の大国に翻弄《ほんろう》されてきた歴史など、実に複雑な要因が横たわっています。〝パレスチナは世界の縮図〟と言われるように、この地で続く紛争には国際社会が作り出してきた側面も大きくあり、世界の対立や不条理を象徴する場所であると僕は常々思っていました。

僕たちのミッションは、ソーシャルデザインを通じて、苦しんでいる人たちをエンパワーすることです。そこで、アルパカプロジェクトと並行して、パレスチナでもソーシャルデザインを生かして何かできないかと思い、僕たちは現地へ向かうことにしました。

パレスチナ自治区は、東をヨルダンに接する「ヨルダン川西岸地区」と、西と南を地中海とエジプトに接する「ガザ地区」とに分かれています。レイチェルの案内のもと僕たちが向かったのは、エルサレムからほど近いヨルダン川西岸地区です。

飛行機の窓からのぞいたイスラエルの中心都市・テルアビブは、高層ビルの立ち並ぶ近代的な街並みでした。ベン・グリオン国際空港に降り立った僕たちは、そこからエルサレムへ移動しました。ユダヤ教、キリスト教、イスラム教の三つの宗教の聖地でもあるエルサレムは、テルアビブとは対照的に、石造りの建物が並ぶ、悠久の歴史を感じさせる場所でした。

テルアビブから乗り合いバスに乗って、南に移動すること約三十分。途中、イスラエルとパレスチナを隔てるフェンスや灰色のコンクリートの壁を何度も目にしました。場所によっては高さが七、八メートルほどあり、フェンスや壁の頂上には有刺鉄線が張り巡らされていました。イスラエルはこの壁を「セキュリティ・ウォール（フェンス）」と呼び、建設の理由を「テロ攻撃から自国民を守るため」だと主張しています。ところが、実際にはこの〝防護壁〟は、イスラエル領地だけでなく、グリーンライン（一九四九年の停戦協定で定められた境界線）を越えて、パレスチナ自治区内を侵食するように建てられています。

僕たちの乗ったバスは、パレスチナ自治区内の街・ベツレヘムへ通じる検問所に到着しました。そこにはライフル銃を抱えた若いイスラエル兵が数人立っていました。彼らの表情には、あどけなさが少し残っていました。

緊張しながら僕たちは検問を受けましたが、拍子抜けするくらいあっさりとそこを通過できました。後から知ったことですが、外国人に対してはほとんど形式的なチェックしか行われないとのことでした。実際、後日に僕たちが再び検問所を訪れた時、パレスチナ人の老人が雨に濡れながら長時間待たされているのを目にして、言葉を失いました。

ヨルダン川西岸地区に入って、すぐに気がついたことがありました。それはイスラエル側から見た壁は無味乾燥だったのに対して、パレスチナ側の壁には実に色とりどりのグラフィティが描かれていたのです。その多くがパレスチナの平和や自由を願って描かれたものでした。壁一面からは、〝声にならない声〟が痛切なまでに鳴り響いていました。

壁の建設に反対する人たちの間では、壁はパレスチナで生きる人々から不当に自由を奪うものだとして、「アパルトヘイトウォール」と呼ばれています。

二〇〇三年、国連総会は、イスラエルが建設する分離壁に対して国際司法裁判所（ＩＣＪ）に勧告的意見を要求。翌二〇〇四年にはＩＣＪは、イスラエル政府による壁の建設は「国際法違反」と認定しました。それにもかかわらず、壁の建設は現在も続いています。

タトゥリーズに込められた祈り

パレスチナには、至るところから暴力の気配が漂っていました。

一九六七年の第三次中東戦争以降、イスラエルは国策としてヨルダン川西岸地区を中心に、イスラエル国民の入植を進めていました。パレスチナとの平和共存を求めるイスラエルのNGO「Peace Now」によると、一九九三年にイスラエルとパレスチナで平和協定（オスロ合意）が結ばれた時点で、入植者は約十一万人でしたが、二〇二一年には約四十六万人と四倍以上も増えています。入植地の周りは有刺鉄線の張り巡らされた高い壁が立ち並び、多数の監視カメラが目を光らせています。そして、各検問所にはやはり厳重な装備を身にまとい、腕にライフル銃を抱えた若い兵士が見張りに立っています。街にはイスラエル人専用の道路も多く敷かれていました。

入植活動は、元々街にあった人やモノの動きを阻害し、パレスチナの人たちのそれまでの生活を壊していました。

一つ一つの現実を前に、僕たちは深くため息をもらして、うなだれることしかできませんでした。そんな僕たちの頭上を、イスラエル軍の戦闘機が轟音《ごうおん》を立てながら飛び交っていました。

パレスチナではレイチェルの紹介で、現地で暮らす山田しらべさんという日本人の女性と出会いました。山田さんは、サンフランシスコにあるNGOで働いていた時、パレスチナを訪れる機会を得ました。それ以来、すっかりこの地に魅せられた彼女は、パレスチナ移住を決意。それから今に至るまで、パレスチナで暮らしながら、現地の女性たちの支援を続けています。

アラビア語に精通し、現地に幅広いネットワークを持つ山田さんのおかげで、僕たちのパレスチナの旅はとても充実したものになりました。

まずパレスチナの民族衣装のアーカイブが多く残っているビルゼイト大学を訪問し、実際の民族衣装を見ながら、この地の歴史や文化のレクチャーを教授から受けることができました。

その時、僕たちの目に留まったのは、民族

彼女たちが通す一本一本の糸から幾何学模様の刺繍「タトゥリーズ」が生まれる（写真 Adish）

衣装上に極めて丁寧に手編みされた刺繍でした。それは「タトゥリーズ」と呼ばれる、アラビア語で刺繍を意味する、パレスチナに古くから存在する伝統工芸でした。タトゥリーズは三千年以上の歴史を有することから、〝世界で最も古い刺繍〟の一つに数えられているようです。

民族衣装にはパレスチナの風景から着想を得た草花や鳥の模様や、イスラム美術によく見られる幾何学模様の刺繍が繊細に施されていました。また、職人たちの住むエリアごとにパターンや色調なども違っていました。長い歴史の中で、人々が自身の伝統とアイデンティティを大切にしてきたことが深く感じられました。

その後、山田さんの紹介で、僕たちはパレスチナ難民から構成される刺繍グループのもとを訪ねました。作り手はみんな女性でした。彼女たちは自分の母から刺繍の技術を受け継ぎ、それを自身の娘たちへと伝えていたのです。

彼女たちの多くが、紛争によって夫を亡くしていたり、夫が負傷して働けなくなったりして、女手一つで家族を世話していました。そうした女性たちにとって、空いた時間に家で作業ができる刺繍は、大変に貴重な収入源なのです。

彼女たちが通す一本一本の糸から、僕は〝母〟たちの深い祈りを感じずにはいられませんでした。そこには、何千年にもわたって受け継がれてきた、平和の心と民族の誇りが脈打っていました。

この数日間で心が痛む光景を何度も目にしてきただけに、タトゥリーズの放つ美しさに僕たちは束の間の安らぎを感じました。

パレスチナの人たちの精神性を象徴するタトゥリーズの魅力を世界に広め、彼女たちをエンパワーすることはできないか——僕と清史はどちらから口にするでもなくそう考えました。

〝見えない壁〟

かつて南アフリカ共和国でアパルトヘイトの現実を知った父は、心に深い傷を負って、デンマークへ帰ってきました。

初めてのパレスチナ視察を終えてデンマークに帰ってきた僕も、その時の父と似たような状況にありました。

帰国後は目の前にアロンゾさんとの仕事があったので、しばらくは我を忘れるようにそこに打ち込みました。しかし、ふと一息ついた瞬間、パレスチナで目にした光景が脳裏に浮かび上がりました。

その時のパレスチナ視察では、僕たちはイスラエルにも滞在しました。そこで出会った一人ひとりのイスラエル人は、礼儀正しく、親切な人が多かった。そのことが、僕を余計に苦しめました。こんなにも素晴らしい人たちが、どうして集団になると、残虐な行為を許してしまえるのか。

「パレスチナ人に自由を与えたら、私たちの安全が脅かされてしまう。だから仕方のないことなんだ」と、視察で出会った多くのイスラエル人は現状を肯定していました。ところが、彼らのパレスチナ人に対する理解は、ステレオタイプの枠を出ないものがほとんどでした。さらに、自国の警察や軍隊がパレスチナ内でどんなことをしているのかについてもほとんど無関心でした。つまり、これだけ近くに暮らしているにもかかわらず、イスラエル人はパレスチナ人に対してほとんど無知なのです。

イスラエルとパレスチナの間には、実際の分離壁よりもずっと高くて強固な、人々を分断する〝見えない壁〟がありました。

僕たちが願っているのは、あくまでもイスラエルとパレスチナの平和共存です。タトゥリーズという優れた伝統文化をソーシャルデザインの力で世界に広めたいのはもちろんですが、何よりもパレスチナのすぐ隣で暮らすイスラエルの人たちに、パレスチナの素晴らしい文化を知ってほしいという思いが強くあります。

当時、僕たちは、日本に伝わる伝統の手工芸とタトゥリーズを掛け合わせて、プロダクトを作ることを考えました。しかし、結論から言うと、この取り組みは失敗に終わりました。

「ザ イノウエブラザーズ」のメンバー内で、プロダクトの構想が固まり切らず、話し合いが続いていた中で、二〇一四年にイスラエルによるガザ地区への大規模な攻撃が始まってしまったのです。その前年に、約三年ぶりのイスラエルとパレスチナの和平交渉が再開されただけに、大変にショックを受けました。

現地でこうした衝突が起きると、生産や物流

パレスチナとイスラエルを分断する分離壁——著者と清史（写真 Fadi Dahabreh）

の安定性を確保することは難しくなります。現地の治安状況や、国際情勢の動向が、パレスチナでのビジネスに直接影響を及ぼすことを身をもって実感しました。

この時のイスラエルの大規模な攻撃によって、パレスチナでは多くの民間人が亡くなりました。悪化していく状況をただ見守ることしかできない自分に対して、無力感を抱くことしかできませんでした。アルパカプロジェクトでようやく少しついた自信は、パレスチナで次々と起きるあまりにも理不尽な現実を前にもろくも崩れ去りました。

タトゥリーズプロジェクトは完全に暗礁《あんしょう》に乗り上げました。

不可能を可能にする

「ザ イノウエブラザーズ」がアルパカプロジェクトによって注目を集めていた時期は、タトゥリーズプロジェクトの先行きが全く見えない時でもありました。

しかし、僕たちは決して諦めたわけではありませんでした。確かに、頭で考えれば「タトゥリーズプロジェクトはもう無理だろう」という結論に至りました。でも、心では諦めていなかった。

不可能を可能にする——そう何度も自分たちに言い聞かせて、自分にできることをやり続けていきました。

その後も、取材の場などで、機会があればパレスチナのプロジェクトについて言及してきました。正直、プロジェクトには何の目途も立っていない状況でした。でも、発信を続けていくことが何かにつながるかもしれないという希望と、諦めそうになる自分自身に活を入れるために、僕はタトゥリーズプロジェクトへの思いを話し続けました。

タトゥリーズプロジェクトが大きく展開し始めたのは、イスラエルのガザ侵攻から五年以上が経った二〇二〇年一月のこと。ちょうどコロナ禍が始まる直前でした。

その日、コペンハーゲンに住む古くからの親友が興奮気味に僕のもとを訪ねてきました。「お前たちに何としても会わせたい人たちがいる」と彼は言いました。話を聞くと、イスラエルとパレスチナの双方にまたがって、タトゥリーズの職人と協働して服をデザインしているアパレルブランドがあるというのです。

まさに僕たちが待ち望んでいた人が現れた！　一刻も早く会いに行かなければと思った僕は、すぐにスケジュールを調整して、そのブランドが拠点を置くイスラエルのテルアビブへ向かいました。

「Adish」と名乗るそのブランドを運営しているのは、二十代後半の若いメンバーでした。「Adish」とはヘブライ語で「無関心」の意味。彼らはイスラエル人のパレスチナへの無関心と、それが招いているパレスチナの悲惨な現実に強い問題意識を持っていたのでした。

彼らに会って何よりも驚いたのは、イスラエル人とパレスチナ人が協力して、ブランドを運営していることでした。

「Adish」でデザイナーを務めるイスラエル人のアミット・ルソンとエヤル・エリヤフは、国が定める徴兵制度で三年間の兵役に就いていた際に軍隊で出会いました。兵役中に、彼らは武力面で圧倒的に優位を誇るイスラエル軍が、パレスチナ人をどれほど苦しめてきたのかを初めて知ったのです。

どんな理由があろうとも、自分たちがパレスチナに対して行っていることは間違っている。それがアミットとエヤルの正直な心情でした。

兵役が終わってからも、二人はパレスチナのために自分たちができることは何かと考え続けました。

そんな中で二人は、長引く紛争で犠牲になったイスラエル人とパレスチナ人の遺族が集まるピース・フォーラムに参加しました。それはお互いに憎しみ合うのではなく、紛争で家族を失った悲しみを共有し、和解を目指すことを目的として、イスラエルとパレスチナの団体が二十年以上にわたって共催してきた活動でした。

そのフォーラムで二人は、後に「Adish」をともに立ち上げるパレスチナ人のクッセイと、パレスチナ系アメリカ人のジョーダン・ナサーと出会ったのでした。クッセイとナサーはともにデザインに強い関心を持っていました。

アミットとエヤルは、クッセイたちからパレスチナに伝わる洗練されたハンドクラフト（手細工）、特にタトゥリーズの存在を知らされました。巨大な暴力にさらされているパレスチナの地で、女性たちが途切れることなく継承してきた文化を目の当たりにして、二人は大きな衝撃を覚えました。

意気投合した四人は、このタトゥリーズをストリートファッションの中に落とし込み、それをイスラエルを含む世界各地で流通させ、多くの人たちに着てもらいたいと考えるようになりました。そして、それを着た人たちに、イスラエルとパレスチナの間で起こっていることに少しでも関心を持ってもらいたいと思ったのです。そんな彼らの思いから二〇一八年に立ち上げられたのが「Adish」でした。

彼らのストーリーを聞いて、僕は心が震えました。そして、「Adish」のメンバー一人ひとりと抱擁を交わしました。

実は僕がパレスチナでのプロジェクトに感じていた最大のボトルネックは、「イスラエルの側からプロジェクトの賛同者が出てくるかどうか」でした。パレスチナ人だけでビジネスを行ってしまうと、パレスチナ内外への人やモノの移動をはじめ、さまざまな点で制限を受けざるを得ません。イスラエル人がチームに加わってくれれば、ビジネスをずっと円滑に進めることができます。

また、イスラエルとパレスチナの平和共存という大きな目的を達成する意味においても、彼らがともにブランドを運営する意義は極めて大きいのです。かつて、南アフリカ共和国でアパルトヘイトが撤廃された際には、差別を受けていた黒人だけでなく、白人の中からも賛同者が現れたことが撤廃運動を大きく後押ししました。パレスチナの問題も同様に、パレスチナだけでなく、イスラエルからも平和共存に向けたムーブメントを起こす影響力のある人物が現れるかどうかが大切になってくるはずです。

「Adish」と出会った時、僕は四十代を迎えていました。一回り年下の彼らの姿は、無我夢中になってアルパカプロジェクトに取り組んでいたかつての自分たちとも重なりました。まだまだ僕たちも第一線で働き続けますが、それと同時に自分たちよりも才能も未来もある若い人たちを支えることも、サステイナブルで平和な社会を築くためには大切です。

「Adish」の取り組みを支えることが、「ザ イノウエブラザーズ」の果たすべき使命だと僕は確信しました。

善の連帯を築く

二〇二二年夏の東京・原宿。細い路地の奥にあるレンタルスペースで、「ザ イノウエブラザーズ」と「Adish」のコラボレーション商品を対面で初披露することができました。

初めてパレスチナを訪れてからちょうど十年。途中、コロナ禍の影響でスケジュールにも少し遅れが出ましたが、ようやくこの日を迎えられました。

この時のコレクション展では、「Adish」がデザインを担当したフーディー（フード付きのパーカー）を展示しました。フーディーには、パレスチナの難民キャンプで暮らす女性たちに大きな刺繍をしてもらいました。

「ザ イノウエブラザーズ」は「Adish」のパートナーとして、僕たちが持っている生産者、生産工場、バイヤーなどの人脈を彼らにつなげるといった裏方のサポートに徹しました。

たとえば、フーディーには、僕たちがペルーで出合った最高級のコットンであるオーガニック・ピマコットンを使用しています。オーガニック・ピマコットンは、アルパカプロジェクトで何度もペルーに通っている中で出合ったものです。シルクのような肌触りのコットンで、優れた素材であるのは明白だった一方で、アンデスのアルパカと同様に、オーガニック・ピマコットンも仲介業者から安く買い叩かれていました。そこで、僕たちは生産者とダイレクトトレードを行い、彼らの生活の改善をサポートしています。

タトゥリーズプロジェクトの服の生産は、オーガニック・ピマコットンの産地であるペルーの工場で行っています。しかし、コレクション展に向けて準備をしている最中に、ペルーはコロナ禍による深刻な被害を受けていました。そこで今回に限っては、急遽、日本の東北の工場で生産を行いました。快く引き受けてくれた東北の人たちには本当に感謝しています。

僕たちのこれまでのプロジェクトを通して出会った多くの仲間に支えられて、このフーディーを作ることができました。僕が最も誇りに思うアイテムの一つです。

コレクション展の会場には、イスラエルからアミットとエヤルも駆けつけてくれました。会場を訪れた日本のバイヤーやメディアの人たちが、自分たちのデザインした製品を手に取り驚きの声を上げる姿を、二人は少し離れたところから嬉しそうに眺めていました。

タトゥリーズプロジェクトは始まったばかりです。そして、今も数多くの困難を抱えています。

イスラエル人の前で、パレスチナ人と仕事をしていると公言することは、「テロリストの支援をしているのか」との誤解を招きかねません。また、一緒に仕事をしているパレスチナの女性たちの中にも、イスラエルに対してネガティブな感情を抱いている人は少なくありません。

イスラエルとパレスチナの人たちが互いに分かり合うのは本当に難しい。僕自身もこの問題に冷静に向き合えない時があります。しかも、二〇二三年十月、武装組織「ハマス」が突如、イスラエルへの攻撃を開始し、イスラエル側もガザ地区に激しい空爆をするなどの応酬があり、ますます混迷を深めています。

だからこそ、絶対に憎しみの感情に振り回されてはいけないと自分に言い聞かせています。すべての人間の生

刺繍「タトゥリーズ」が編み込まれたフーディーを着るパレスチナ女性（写真 Fadi Dahabreh）

命が尊重される世界を築くためには、暴力や憎悪による分断を退け、非暴力による善の連帯を築く智慧《ちえ》を絞らなければなりません。

「芸術というのは、それを見たり、聴いたり、味わったりした人たちの〝生命のレベル〟を上げるものでなければならない」と、かつて父は僕に教えてくれました。

パレスチナ人たちの祈りが込められたタトゥリーズは、まさにそうした芸術の一つに数えられます。その魅力をこれからも「Adish」のメンバーと一緒に世界に伝え続けていきます。

一人を大切にする生き方

本書をここまで読まれた方はすでに気づいているかと思いますが、僕は創価学会インタナショナル（SGI）のメンバーの一員です。創価学会は、大乗経典の中でも法華経を拠り所にし、鎌倉時代の仏僧・日蓮が身をもって示した法華経の根本精神に則った信仰の実践と活動を、現代に展開している宗教団体です。

勤行・唱題という祈りを根本に現実世界の困難と格闘し、また同じように苦しむ他者に寄り添う中で、誰もが自分自身の内側に等しく持っている「仏の生命」を顕現することができる。それが法華経に説かれた最重要の教えであり、日蓮がその方途を具体的に示し開いた「万人成仏」の思想です。

日蓮仏法において「仏」とは、あらゆる苦難を打ち破り、なにものにも揺るがない、絶対的な幸福境涯を胸中に確立した人を意味します。どんな悩みを抱えている人でも、必ずそれを乗り越えて、幸せになれる——そう説いていると僕は思うのです。

僕がこれまで本書で語ってきたさまざまな試練に負けなかったのは、この仏法があったからに他なりません。

創価学会が設立されたのは、第二次世界大戦前にまで遡《さかのぼ》ります。学会は教育者であった牧口常三郎先生（創価学会初代会長）と、愛弟子である戸田城聖先生（第二代会長）の師弟の出会いから生まれました。当初は「創価教育学会」という名称でした。二人は戦時中、思想統制を図ろうとした軍部政府と対峙し、思想犯として逮捕・投獄され、牧口先生は七十三歳で獄死されました。

終戦の直前に出獄した戸田先生は、空襲で焼け野原になった日本の姿を見て、「この世から〝悲惨〟の二字をなくしたい」と、平和な世界を築くことを深く心に期されました。そして戦後、創価教育学会は「創価学会」と名称を改め、再出発します。

その戸田先生の世界平和への決意を、自身の決意として受け継いだ池田大作先生は、一九六〇年に創価学会第三代会長に就任し、創価学会を世界的な団体へと飛躍的に発展させました。現在、創価学会の信仰は、世界百九十二カ国・地域に広がっています。宗教、民族、イデオロギーの壁を超えて、人間同士の信頼を結ぶ生き方を池田先生は実践されてきました。

父と母は事あるごとに、僕たちに信仰や池田先生の話をしてくれました。特に池田先生の話をする時は、二人の顔はいつも輝いていました。

「先生は相手が誰であっても決して態度を変えたりしない。世界の大指導者であろうが、一庶民であろうが、同じように心から相手を尊敬し、大切にするんだ。お前たちも目の前の一人を大事にする人になってほしい」

「牧口先生は何も悪いことをしていないのに、正義を貫いて獄死された。弟子の戸田先生は絶対に仇《あだ》を討つと決め、創価学会をゼロから再建した。それを受け継いだ池田先生が、今の世界的な創価学会にした。仇を討つとは相手を憎しみ続けることではない。自分が幸せになることだ。『結合は善』で『分断は悪』だということをよくよく覚えておくんだよ」

大人になってから気がついたことですが、父が最後の三カ月間で僕に語ってくれたことのほとんどが、池田先生がかつて学会員に対して指導されてきたことでした。

僕は創価学会員であることを心から誇りに思っています。そして、信仰者としての実践がなければ、今の「ザ イノウエブラザーズ」は存在しなかったと断言できます。

創価学会員といっても、特別なことをするわけでは決してありません。苦しんでいる人のもとへ足を運んで、何か力になれることはないかと一緒に悩み、その人の幸せを心から祈り抜き、一緒に前に進んでいく。それは、僕たちがさまざまなプロジェクトで実践していることと何も変わりません。「ザ イノウエブラザーズ」のすべての活動の根本には、仏法の思想があります。

ＳＤＧｓにも貫かれる、すべての生命が尊重される「持続可能な世界」や「誰一人取り残さない世界」を実現するためには、この仏法の実践が必要であると信じています。

コミュニケーション能力の磨き方

僕たちの活動のすべては「信頼」の上に成り立っています。生産者やクリエイターとの信頼関係があることはもちろんのこと、僕たちは流通の人とも基本的には価格交渉をしません。彼らが提案した価格は、職人とも相談した上で、悩み抜いて出してくれたはずです。もし下げるとなると、その職人の仕事のクオリティが落ちてしまいます。

クオリティの高いものを作るには、仲間の信頼に応えることと、こちらも仲間を信頼することが大切だと信じています。これはアンデスの山奥だろうと、日本だろうと、デンマークだろうと変わらない僕らの普遍的な〝哲学〟です。

ビジネスを進める上で、深い信頼に基づいた人間関係を築くことは大変に重要です。そして、人間関係を築くために必須なコミュニケーション能力というのは、決して生まれつきの才能などではなく、誰もがトレーニングをすれば手に入れられるものだというのが僕の実感です。

僕がそう思うようになったのは、SGIの座談会という活動がきっかけでした。座談会とは月に一度、地域のＳＧＩメンバーが集まり、みんなで円になって行うミーティングです。そこで、参加者同士で近況や悩みをシェアしたり、ともに仏法の教えを学んだりするのです。

座談会には年齢、性別、職業などがさまざま異なる人が参加します。性格も多種多様で、社交的な人もいれば、口下手な人もいます。

プライベートの交友関係であれば、自分の気の合う人たちだけとつるむことができますが、座談会では出会う人を選ぶことはできません。その日、集い合ったメンバーで話題や共通点を見つけて話をするのです。これが僕にとってはコミュニケーション能力を高める恰好のトレーニングの場になったのです。

座談会で自分が上手く話をすることができなかったり、逆に相手の話を上手く引き出せなかったりと、さまざまな失敗を僕も重ねてきました。そんな時に大切なのは、上手くいかなかった原因をしっかりと分析し、次に会った時に再び勇気を持って声をかけることです。スポーツ、絵画、料理のように、コミュニケーションだって毎日少しずつ練習を重ねれば、必ず上達していくものなのです。

座談会に参加する中で、コミュニケーションにおいて大切なのは「傾聴」であるということを僕は学びました。いったん、自分の価値観や考えというものを脇に置いて、相手の意見にじっくりと耳を傾けるのです。これは口で言うほど簡単ではありません。相手の言葉に本能的に反応してしまいそうになる自分を制止して、相手の言葉に細心の注意を払いながら、そこに込められた思いを深く受け止める。相手の話を聴くためには、自分の心を広く開かなければなりません。そうすることで初めて相手も自分の心を開いて、胸の中に秘めていた思いを打ち明けてくれるようになるのです。

座談会でのトレーニングのおかげで、仕事でもさまざまな人たちと本当の家族のような信頼関係を築くことができたと思っています。

これからの時代、多くのスキルはテクノロジーの進歩によってカバーすることが可能になるでしょう。しかし、人間関係を作ることだけは、テクノロジーでさえカバーできないと思います。

ぜひ皆さんも「失敗は貴重な経験」と捉えて、普段の生活から自身のコミュニケーションの取り方を意識してみてください。

第6章　SDGsの先へ
――「ザ　イノウエブラザーズ」のこれから

沖縄への移住

青く透き通った海に降り注ぐ太陽の光。子どもたちの両脇を爽やかに吹き抜けていく潮風。

二〇二二年七月、僕は四十四年という長い歳月を過ごした故郷のコペンハーゲンを離れ、家族とともに日本の沖縄県に移住しました。

父は四十四歳でこの世を去りました。そして、僕自身がその年齢を迎えようとする中で、いよいよ人生の後半戦が始まるとの感覚が強くなっていきました。

このままデンマークで暮らせば、きっと生活も、仕事も安定してやっていける。もちろんそれは素晴らしいことでもあるのですが、一方で自分や家族の十年後や二十年後の姿をすでにイメージできてしまう感覚もあったのです。それが自分の望むこれからの人生なのかという逡巡がありました。

僕にとっても、家族にとっても住み慣れた場所を離れて、新しい生活を始めることは簡単ではありません。しかし、だからこそ、みんなでチャレンジしたいという思いがありました。そこで、家族間で何度も話し合いを重ねる中で、僕とウラの両方がルーツを持っている日本が自然と選択肢に浮かび上がってきました。さらに、子どもたちが日本で教育を受けることに興味を持っていると分かり、日本への移住を決めました。

では、日本の中でも沖縄という場所を選んだのはなぜか。

それは自分の人生の後半戦を、今まで以上に世界平和のために使いたかったからです。

沖縄には太平洋戦争で日本本土の〝捨て石〟となって、熾烈な地上戦が行われた歴史があります。そして、戦後になってからは、全国にある米軍専用施設の約七割が沖縄に集中している現状があります。ある面から言えば、沖縄の人たちは太平洋戦争から続く〝巨大な暴力〟に今も直面しています。

また、沖縄の人たちには「琉球王国」と「沖縄」の二つのアイデンティティがあり、それを調和させてきた歴史があります。僕自身、日本人とデンマーク人の二つのアイデンティティのもとで悩んできた経験があります。その観点から、沖縄の人たちの智慧を学びたいと思っていたのです。

二〇二二年時点で、沖縄県の人口は約百四十六万人。人口のスケールから考えても、一定のインパクトを持ったビジネスを行うことは十分に可能です。

「ザ イノウエブラザーズ」として、これからの世界の平和や調和を象徴するようなプロジェクトを始めたい――その思いとともに、僕は家族とともに沖縄へ移住しました。

サーキュラー・エコノミーの可能性

ＳＤＧｓという言葉はすでに人々の間にすっかり浸透しました。しかし、ＳＤＧｓ自体はあくまでも二〇三〇年までに達成する目標を示したものです。その先のサステイナブルな未来を築く方法として、僕が今注目しているのが「サーキュラー・エコノミー」です。

「サーキュラー・エコノミー」を一言で説明するなら、「廃棄を前提としない経済モデル」となります。モノ作りを例に説明しましょう。

たとえば、従来の「大量生産・大量消費」を前提としたモノ作りでは、コストを抑えることが何よりも優先されます。したがって、製品には長期間の使用に耐えられるほどの品質が備わっておらず、資源として再利用されることもなく「大量廃棄」されます。

そこで生まれたのが、Reduce（廃棄物を減らす）、Reuse（再使用）、Recyle（再資源化）の「3R」に基づいた「リサイクル・エコノミー」です。これは廃棄物をなるべく減らすことで、地球の限られた資源や環境を守るという考えがベースにあります。たとえば、買い物の際にマイバッグを持参する行為は、プラスチックの使用量を減らすことを意味するので、リサイクル・エコノミーの考え方に基づいていると言えます。

しかし、リサイクル・エコノミーも、程度の差こそあれ、やはり廃棄を前提とした経済モデルです。それだけでは昨今急速に拡大する資源やエネルギーの需要には対応しされない現状があります。そこで、さらに一歩踏み込んで、廃棄物自体を生み出さない経済モデルとして注目されているのが「サーキュラー・エコノミー」なのです。

サーキュラー・エコノミーでは、使い終わった製品は資源として再利用することが徹底して行われます。ある原料から作られた製品が、消費者の手に渡り、やがて寿命を迎える。次にその製品から原料を回収し、それを資源として別の製品を作り、再び消費者の手に渡る

——そうした循環構造が出来上がるわけです。

モノ作りでいえば、企業なら環境への負荷が低く再利用しやすい植物由来の素材を多く使った商品を生産したり、消費者ならそうした商品を積極的に購入したり、資源回収にも協力したりすることなどが、サーキュラー・エコノミーの実践と言えるでしょう。

さらにこのサーキュラー・エコノミーをモノ作りだけでなく、サービスにも応用するとどうなるでしょうか。分かりやすい例としてあげられるのは、近年あらゆる分野で浸透している「サブスク（サブスクリプション・サービス）」（商品等を購入することなく一定の期間、商品等を利用できるビジネスモデル）です。

たとえば、音楽のサブスクでは、CDやレコードを所有せずとも、音楽配信サービスで音楽を楽しむことができます。服のサブスクや、家具のサブスクなども登場しています。あらゆる分野にサブスクが広がっているのは、消費者の価値観が、「所有」から「シェア」へ移り変わっていることを示していると僕は見ています。シェアとは、人から人の手に移り渡る「循環」とも言えます。

シェアを前提としたモノ作りやサービスが増えれば、従来の経済モデルに比べて、資源やエネルギーの大幅な節約が可能となり、廃棄物の削減につながります。企業としては、製造に関わるコストを下げることにつながり、一定の経済効果が見込めます。

今、世界で多くの企業や自治体が、サーキュラー・エコノミーへの取り組みを開始しています。また、そうしたサービスや技術開発への投資も活発に行われています。

サーキュラー・エコノミーが盛り上がりを見せているのはなぜか。IT技術の進歩や、経済的なインセンティブ（誘因）といった観点からも、その理由を指摘できるでしょう。しかし、一連の取り組みの〝底流〟には、「青年たちの意識の変化」があるのではないかと僕は考えています。

スウェーデンの環境活動家のグレタ・トゥーンベリさんが象徴するように、地球や人類の未来は、特に若い人たちにとって極めて切実かつリアルな問題です。そして、既得権益に縛られた大人と違って、彼女たちはまっすぐに問題の本質を見つめます。

彼女たちがあらためて問うているのは、「経済的合理性の本質」だと僕は思っています。

安い値段で製品を購入できたり、サービスを利用できたりすることは、消費者としてはありがたいことです。同程度の品質であれば、少しでも安いほうを選ぶのが、〝合理的〟な消費行動でしょう。

ただ、そうした〝安さ〟の背景に、環境破壊や公害、労働者の人権侵害といった問題が存在していたとしたら、どうでしょうか。今だけでなく、未来をも考えた時、そうした現実を無視して目の前の安さを選び続けることは、〝合理的〟とは言えないと僕は思います。

世界各地で頻発する異常気象などを通して、青年たちはそうした矛盾を敏感に察知しているように思えてなりません。そこから生まれた問題意識が、新しい経済モデルの創出を促している。そうであるならば、サーキュラー・エコノミーはきっと彼ら彼女らが生きる〝SDGs後〟の世界を築く重要なビジョンになり得るはずです。

人類の目的地

「ザ イノウエブラザーズ」として今、構想しているのは、沖縄でサーキュラー・エコノミーの理念に基づいたゲストハウスを開設することです。衣・食・住・エネルギーという気候変動と極めて密接に関わるこの四分野において、これまでの「ザ イノウエブラザーズ」を総合するようなプロジェクトを始めたいと考えています。そして、沖縄から日本全国へ展開する、象徴的となる〝最初の循環の渦〟を起こしていきたいのです。

沖縄を支えているのは観光業です。しかし、沖縄に移住してしばらく経って、僕はあることに気がつきました。それは観光業で働く多くの沖縄の人々は賃金の低い単純労働に従事していて、それらの企業のオーナーには内地の人が多いということです。沖縄の観光業を実質的に支えているのはローカルの人たちなのに、彼らには十分な利益が還元されていない。アンデスで感じたような不条理に対する怒りが、僕の中でふつふつと湧き上がりました。

もっとローカルの人たちが直接潤《うるお》うような形のツーリズム（観光事業）を提案したいという思いが根底にあって、このゲストハウスの構想に至りました。

沖縄は豊かな自然に恵まれていて、その自然の力をエネルギーに変換することができます。たとえば、太陽光や雨水をエネルギーや資源として再活用することは、もはや技術的にはそれほど難しくありません。それらをゲストハウスの運営に使うことで、エネルギーの循環を達成します。

このゲストハウスでは観光客の宿泊スペースの他に、沖縄で栽培した有機野菜などを使ったオーガニックフードを提供する地産地消のレストランの併設も考えています。第三章のコラムにも記しましたが、デンマークでレストラン事業を手掛ける中で、食が環境問題と密接に結びついていることを知りました。

沖縄には有機栽培に取り組む農家や、オーガニックフードを提供する飲食店が多いように感じています。食はファッションよりも人の心を動かせるものだと僕は思っています。服は体の外につけますが、食べ物は体の中に直接入ってきます。僕たちの取り組みに共感してくれる地域の人がいれば、ぜひ一緒にプロジェクトをやりたいと思っています。

さらに琉球王国時代に、日本、中国大陸、南方諸国などとの交易を盛んに行ってきたことから、今も沖縄には多くの伝統工芸品が残っています。日本の〝民芸運動の父〟といわれる柳《やなぎ》宗《むね》悦《よし》も、沖縄で多くの工芸品や風俗に出合い、「驚くべき美の王国」と賛嘆しました。

染織物も沖縄が誇る伝統工芸品の一つです。今も多くの作り手が、島に自生する植物を染

沖縄で進める「琉球藍染プロジェクト」——沖縄で栽培される藍をさばく著者（写真 Modan）

料にしています。また、地域ごとに織物の意匠が全く違っていることも興味深いです。こうした沖縄の人々のアイデンティティを表現する染織物などの工芸品をゲストハウスでも取り扱いたいと思っています。旅人と作り手、あるいは作り手同士が出会い、新たな友情の輪が広がる場所を作りたいのです。実際、現在、「琉球藍染プロジェクト」を進めて、藍染のTシャツなどの商品を作っている状況です。

「ザ イノウエブラザーズ」のファッションに関するプロジェクトでは、多くの人たちに〝かっこいい〟と思ってもらえるような服を作り、その一着一着の服の背景にあるストーリーを通じて、着る人たちにサステイナブルな社会や平和への関心を促してきました。

ゲストハウスもこれと同じで、滞在中の衣食住における〝楽しい〟体験を通して、自分たちの暮らし、地球環境、平和などについて多様なインスピレーションを得てほしいという願いがあります。シリアスな問題を扱うからといって、堅苦しく考える必要はどこにもありません。

このゲストハウスを観光客にとっての沖縄の旅のデスティネーション（目的地）にしていくとともに、人類が目指す〝デスティネーション〟について一緒に思索を深められる場にしたいと思っています。そして、この循環の渦がやがては日本全国へ広がり、大きなインパクトを起こしていくことを願っています。

沖縄で考える平和

沖縄への移住を決めた背景には、もう一つ個人的な理由があります。それは、僕自身のアメリカに対する偏見を乗り越えたいという思いです。

ヨーロッパで長く暮らしていると、ヨーロッパの人たちのアメリカ人に対する一種の優越感を垣間見る瞬間があります。それは歴史や伝統を重んじるヨーロッパの人たちにとって、アメリカはあくまでも〝新しい国〟であるという見方に原因があると思っています。

そこには、ヨーロッパの人たちの傲慢さもあると思います。僕自身もアメリカに対しては、さまざまな理由からこれまで否定的な見方をしていました。「ザ イノウエブラザーズ」のプロジェクトを通じて南米や中東で暮らす人々と深く関わる中で、アメリカが国際政治や外交の場でそれらの地域に取ってきた行動を知り、何度も失望したことが主な理由になります。

一方で、僕自身も子どもの頃にデンマーク人からの差別に苦しんだ経験があるにもかかわらず、それと同じことを自分はアメリカ人にしている。そうした自己矛盾もはっきりと自覚していました。僕にとって米軍基地が多くある沖縄に住むということは、それ自体が自分の弱さと向き合うことであり、〝人間革命〟への大きな挑戦だったのです。

僕が今住んでいるエリアは、町の約半分を米軍基地が占めていて、米軍関係者が多く住んでいます。彼らの中には軍で幹部を務めている人も多く、家族とともに日本で暮らしています。

僕が沖縄に引っ越して来てまず驚いたのは、彼らが自身の子どもを地元の学校に通わせるだけでなく、自らもＰＴＡなど地域活動に積極的に参加していたことです。毎朝、交通安全の係員として、子どもたちの登下校を見守る米軍の家族たちの姿を見て、〝壁〟を作っているのは僕自身ではないかと気づかされました。

もう一つ、アメリカ人に対する認識が変わった出来事があります。

米軍と一口に言っても、そこは白人、黒人、ラテン系、アジア系など多様な人種から構成されています。

ある日、僕が近所の居酒屋を訪れた時、異なるバックグラウンドを持つ米兵同士が楽しそうにお酒を飲んでいるの目にしました。これは驚くべき光景でした。僕は仕事で何度もアメリカを訪れたことがありますが、そのたびにアメリカ社会に根強く残る人種差別を目の当たりにして、うんざりさせられました。ところが、アメリカではまず見られないような出来事が、沖縄のローカルの居酒屋で当たり前のように見られたのです。

〝なんだ、アメリカ人だって一緒に仲良くすることを求めてるじゃないか!〟と、沖縄に住む中で僕は感じるようになりました。むしろ、彼らを〝アメリカ人〟や〝米兵〟という枠の中に閉じ込め、ステレオタイプで見ていたのは、他でもない僕自身でした。彼らの生活者としての横顔を知ることで、結果として僕のアメリカ人に対する見方は以前と比べてより柔軟になったと感じています。

そう感じ始める前の二〇二二年二年、ロシアによるウクライナへの軍事侵攻が勃発しました。人類がいまだに問題解決の手段として戦争を放棄できないことに僕は愕然としました。

沖縄で暮らす中でも日々感じざるを得ないことがあります。

優しい人々、美しい自然、おいしい食事。そんな平和な日常の中で、一日に何度も戦闘機の轟音が鳴り響くのです。初めてそれを聞いた時、〝戦争の音〟が鳴っていると感じました。また、米軍基地の前を通るたびに、戦車や戦闘機が並んでいるのが視界に飛び込んできます。「抑止力」や「地域の平和のため」といった言葉を吹き飛ばすほどの現実がここにはあります。

平和とは何か——沖縄に来てからあらためて自分自身にそう問いかけることが増えました。そのヒントを与えてくれたのは、地域に住むＳＧＩのメンバーたちでした。

沖縄で活動するSGIのメンバーには、米軍基地内や関連施設で働いている人が多くいます。日本人と結婚し、創価学会の信仰を始めた米兵も少なくありません。彼らも僕と同じく自身の悩みに向き合いながら他のメンバーや友人に寄り添い、自らの使命を果たそうと信仰に励んでいます。彼らは米軍基地という特殊な環境の中で、平和な世界を築くための努力をしていました。そんな彼らを前にして、「米軍基地は間違っているから撤退しろ」とは、僕には言えません。

現実は複雑です。白黒はっきりつけられないことがあまりにも多い。混沌とした現実を無視して、理屈や憎しみを頼りに白黒決めることのほうが、ある意味ではよっぽど簡単かもしれません。しかし、それでは人々を「友」と「敵」と

著者と清史の家族全員で創価学会・沖縄研修道場を訪問

いう対立構造に容易に落とし込んでしまいます。

複雑な現実を前に、憎しみに振り回され極端な言動に走るのではなく、共存できるための智慧を絞り出すこと。どんな相手であっても、その人の心にある〝仏の心〟を信じ、それを呼び覚ますような行動を起こしていくこと。そうした粘り強さこそが、遠回りのように見えて、実は平和への一番の近道だと僕は信じています。

先日、家族で家の近くにあるガマ（洞窟）を訪れる機会がありました。ガマのすぐ近くには、地元の人々でにぎわう美しいビーチが広がっています。

ビーチを背にガマへと続く小道を登っていくと、間もなく入口に到着しました。ガマの中は暗く、ひんやりと湿っていて、重い静寂に包まれていました。沖縄戦の当時の人たちはいったいどれほどの恐怖に耐えながら、ここで息をひそめたのか。生と死が隣り合っていることを、これほどリアルに実感したことはありませんでした。ガマから出ると、外の世界が先ほどよりも明るく感じられました。

今の平和な日常は決して当たり前に存在するものではない――沖縄で暮らしていると、そう感じる瞬間が多くあります。これからも自分にできることから平和のための行動を続けていきます。

「ザ イノウエブラザーズ」×「メタバース」

最後に未来の話をもう一つしましょう。

今、気候変動の問題は、日ごとに深刻さを増しています。日本だけを見ても、夏には外で長時間の活動ができないほど気温が異常に高くなったり、冬には記録的な大雪が降って交通インフラが麻痺したりするなどといった事態が毎年のように起きています。台風の規模だって年々拡大しています。

こうした状況に対して強い危機感を覚える一方で、僕は決して未来を悲観してはいません。人類には必ず地球的課題を乗り越えられる賢さがあると信じるからです。

未来を展望した時、「ザ イノウエブラザーズ」が今考えているのは、「商品の数を減らして、利益をあげる」ことです。これは商品の単価を上げたり、希少価値を高めたりして利益をあげることを意味しているのではありません。

僕たちが考えているのは、デジタル世界での事業の拡大です。具体的に注目しているのは、「メタバース」の世界。つまり、インターネット上に広がる仮想現実です。

ＩＴの飛躍的な発展により、インターネット上ではこれまで以上に多くのことができるようになりました。メタバースもその一つです。技術的には以前からソーシャル・ゲームなどの分野で、メタバースに近いサービスを提供することは可能でした。そこへ近年の通信速度の大幅な向上や、コロナ禍によって人々の中で〝オンライン〟の持つ価値や身体感覚が再考されたことなどが重なり、メタバースの社会実装化が一気に進みました。

メタバース内では誰もが自分自身のアバターを持つことができます。アバターは、インターネット内の自分の分身だと考えてもらって構いません。メタバース内では人々は現実世界と同じように友人と会って話をしたり、おしゃれを楽しんだりしています。ブロックチェーン技術を組み合わせて、ビジネスを起こして収益をあげることもできます。

今、僕たちが考えているのは、たとえば「ザ　イノウエブラザーズ」として、メタバース内にアルパカニットやタトゥリーズの縫われた服などを流通させる。それをユーザーは、メタバース内で大切なミーティングがある時や、おしゃれをしたい時など、さまざまな場面に応じて着て楽しんでくれる。そんな世界をメタバース内で作りたいということです。

これが実現できれば、「商品の数を減らしながら、利益をあげる」ことが可能となります。現実の世界では、僕たちの服を多くの人に着てもらうには、相応の数の服を作る必要がありますが、メタバース内であれば一着の服を無限のユーザーに着てもらうことができます。それによって少ないコストでより多くの利益をあげることが可能になり、アンデスの先住民やパレスチナの難民たちへのリターンを多くすることができます。何より環境への負荷を圧倒的に下げることができる。それが僕たちの感じているメタバースの可能性です。

僕自身はどちらかと言えば〝古い〟タイプの人間です。WEB会議よりも対面のミーティングを希望しますし、メールよりも電話が好きです。オンライン飲み会より居酒屋で賑やかに飲みたい。しかし、それはあくまでも僕自身の価値観に過ぎません。

僕にメタバースの可能性に目を向けさせてくれたのは、僕の子どもたちでした。デジタル・ネイティブの子どもたちにとって、デジタルと現実の世界は等価的に存在していました。対面で会うのと同じようにオンラインでの会話を楽しんでいたり、ゲーム内で新しいアイテムを購入した喜びは現実の買い物と比べて何ら遜色《そんしょく》がなかったりする。考えようによっては、現実世界だけの楽しさを知っている人よりも、子どもたちのほうが、広い世界観で生きていて、豊かな人生を送っているとも思うのです。

デジタル世界の台頭は、決して現実の世界の価値を損ないはしません。むしろお互いを良くしていく補完関係にあると思います。身近な例をあげると、近年音楽配信が主流になったことで、あらためてレコードの価値が見直されるという現象が起きました。日本だけで見れば、二〇二二年のレコード生産額は四十億円を超えました。一方が発展した分、もう一方が衰退するという「トレードオフ」の考えに立つのではなく、ともに栄える「ウインウイン」の道を探るほうが遥かに賢明だと思うのです。

これまで僕たちはアンデス、南アフリカ、パレスチナなど世界の各地を駆け回ってきました。時に身の危険を感じながらも、現地の人々と直接の交流を図ったり、より良い手触りを求めて高品質の素材を探したりしてきました。そんな「ザ イノウエブラザーズ」が急にデジタルの世界の可能性を口にすることで、戸惑いを感じる人も少なくないようです。

でも、僕たちの原点はどこまでいってもソーシャルデザインです。社会に横たわる問題に目を光らせ、デザインの力でクリエイティブに解決し、社会をより良い方向に導く――デジタルの力を使うことで、現実に困っている人たちを多く助けられるのなら、それを使わない手はありません。

二〇三〇年までの一年一年は、人類にとって大きな意味を持っています。気候変動やエネルギー問題など、もはや全く予断を許さない状況に入っています。今こそ国籍や人種の違いや利害関係を超えて、地球や人類の未来のために、善の連帯を築き上げる時です。

ダンテの『神曲』でも克明に描かれているように、キリスト教の世界観では地獄はこの世のあらゆる苦しみを集めた〝場所〟として捉えられています。これに対して仏法の奥底では、地獄を「何を見ても不幸に感じる」という人間の生命の一つの〝状態〟だと捉えます。さらに「法華経」では、この生命の状態は、縁にふれて常に移り変わりうるものであるとし、地獄の生命の中にも〝仏〟があり、また仏の生命の中にも地獄があると説きます。

これはいったい何を意味するのか。

僕はそれを〝人間礼賛〟であり〝究極の楽観主義〟だと考えています。

人間はどれだけ絶望的な状況に置かれたとしても、それを乗り越えられる力（仏の生命）を引き出していけます。しかも、そうした〝仏〟とは、現実の苦しみ（地獄）から離れた存在ではなく、むしろそれを引き受けるように生きていく人間味にあふれた存在なのです。僕たち一人ひとりが世界を変えていく原動力になれるのです。

父と母が僕たちに教えてくれたのは、まさにそうした生命観に基づいた生き方でした。

僕と清史とウラのたった三人の初夏のグラスゴー大学での語らいから始まった「ザ イノウエブラザーズ」は、今では世界各地の素晴らしい仲間に恵まれて、大きなチームとなりました。

僕たちにとって、プロジェクトに携わる人たちだけでなく、それを支えてくれる 人ひとりを含めて〝ザ イノウエブラザーズ〟です。もちろん、本書を手に取ってくれたあなたも。

世界にはまだ数多くの不条理な現実が横たわっています。そのために僕たちは力を合わせて闘い続けなければなりません。そして、その闘いはいつだって自分の殻を破るところから始まります。

まずは二〇三〇年。さらにその先の未来を目指して、今ここからみんなで一緒に進んでいきましょう。

三つの行動規範

会社を立ち上げてから今に至るまで、僕たちは常に次の三つの行動規範に則って事業に取り組んできました。それが、「FAITH, PRACTICE, STUDY」です。これは元々、日蓮が信仰に励む上で大切な要点を門下に対して簡潔に示したものです。英語をそのまま日本語で訳せば「信仰・実行・学習」となりますが、日蓮は「信・行・学」と説きました。僕たちはこの考え方をビジネスの世界に〝翻訳〟し、実践しています。

それぞれどのように翻訳したか。比較的分かりやすい後者の二つから話しましょう。

「PRACTICE（行）」は、とにかく失敗を恐れずにトライ&エラーを繰り返すことを指します。僕たちも数え切れないくらいの失敗を積み重ねています。しかし、そこで怖がらずに次の一歩を踏み出せば、そこから新しい学びを得ることができます。〝失敗したということは、自分は前進しているんだ〟くらいの気持ちでいることが大切です。

　僕たちも最初はファッションやデザインのリサーチばかりを行っていて、生産やロジスティックス、関税といった部分へのリサーチが圧倒的に不足していて苦労しました。アンデスのローカルの人たちと円滑なコミュニケーションが取れず、出来上がったサンプルを目にして、自分たちの意図が上手く伝わっていないと痛感したこともありました。それでも、その失敗を糧に、これまで見落としていた分野の知識を学んだり、スペイン語を真剣に学んで少しでも自分の言葉でローカルの人たちと話ができるように努力したりしてきました。失敗は次のステップに進むために必要なプロセスです。僕は「失敗は成功への準備」だと思うのです。

　次に「STUDY（学）」は、常に新しい知識を学び続けることを指します。コムデギャルソンとコラボレーションができたことや、タイラー・ブリュレさんが僕たちの活動を紹介してくれたことは、確かに非常に幸運な出来事でした。それと同時に、僕たちもファッション業界はもちろん、メディア業界や、アートシーン、クリエイティブな企業や表現者に対して常にアンテナを張り、リサーチし、学び続けていました。コムデギャルソンやドーバーストリートマーケット、『MONOCLE』の持つ影響力を深く認識していたからこそ、そうした話があった時にすぐによい反応ができたのです。また、「PRACTICE」を行う上でも、スペイン語を学ぶなど「STUDY」は欠かせません。運にだけ頼っていては、ここまで来ることは決してできませんでした。

残りの一点の「FAITH（信）」とは何か。僕はこれを「NEVER GIVE UP（絶対に諦めない）」だと捉えています。

自分たちの掲げたビジョンに多くの人が賛同してくれて、それを実現するために一生懸命努力を重ねたとしても、それでも前に進んでいないと感じることのほうが圧倒的に多いです。時にこれまでの努力がすべて水泡に帰したかのような困難にぶつかることさえあります。

そうした時でも、〝絶対に諦めない〟と強い気持ちを持ち続けられるかどうか――ここに人生の分かれ道があると僕は思っています。

日蓮は仏法を実践するための一切の根本は「信」にあると説きました。ビジネスにおいても同様です。どんな状況でも最後まで諦めなかった人が勝利するのだと僕は信じています。

テクノロジーの発展した現代は、昔に比べてとにかくいろんなことにチャレンジできる環境や条件が整っています。たとえ外国語ができなくても、翻訳機能を搭載したアプリケーションが活用できる。起業するための金銭的な余裕がなかったとしても、クラウドファンディングで募ることもできる。とにかく、できない理由をあげて二の足を踏むより、新しい知識を学んだり、できることから始めたりするのが大切です。「実践しよう、勉強しよう」と思う人にとって、世界はますます有利な方向に進んでいると僕は感じています。

後は自分を信じ抜いて、失敗を恐れずに、前に進み続けるだけです。

おわりに

二〇二三年七月。真夏の強い日差しが照りつける中、僕は講師として東京都八王子市にある創価大学を初めて訪れました。同大学経営学部の初年次セミナー（一年生対象）と大学院経済学研究科の留学生への講義を担当するためです。

大勢の若い学生たちの前で話をすることは、僕の長年の夢の一つでした。なぜなら、講義を通して、「ザ イノウエブラザーズ」のことをよく知らない彼らの心を動かすことができたら、それは僕たちにとって最高の評価となるからです。これからの世界を作り、リードしていく彼らが僕たちのビジネスに共感してくれるかどうか。良い意味での緊張感を持ちながら、僕は教室の演壇に立ちました。

本書でも綴ってきた僕たちのさまざまなプロジェクトや、そこに込めた思いなど、僕は身振り手振りを交えながら、一時間近く必死で語りました。多くの学生が、講義を聞きながら、手もとのノートパソコンを操っている様子が印象的でした。

講義の後半は学生たちとの質疑応答。幸いにも多くの学生から次々と質問がありました。特に大学院に通う留学生に向けて英語で行った講義では、僕たちが不条理な現実に対する怒りを原動力として闘ってきたことに、深く共感してくれる学生たちが多くいました。

そんな中、とても暑い日だったにもかかわらず、スリーピーススーツを着込んだある学生がすっと手を挙げました。

「あなたたちの商品をネットで検索しましたが、どれもすごく高価ですね。先住民をエンパワーすると言いながら、彼らには手の届かない商品を売るのはなぜですか」

世界を覆う経済格差の問題を真剣に考えているからこそ、彼はきっと鋭い質問を投げかけてくれた。僕は嬉しくてたまりませんでした。そんな彼の誠意に応えるべく、僕は語気を強くしました。

「ソーシャルビジネスの本質を考える上で、この質問はとても重要です。今、世界の富は、ほんの一握りの人間に独占されていて、残ったわずかな富を多くの人たちで取り合っているような状況です。

こうした状況で、富裕層に『あなたの財産を分けてください』と言っても、決して分けてくれない。それなら、彼らが大金を支払ってでも欲しくなるような質の高い洗練されたものを作って、販売し、それをビジネスとして成り立たせる。そこで得た利益を、素晴らしい文化や技術を提供してくれた先住民をはじめローカルの人たちにより多く還元し、富を再分配していく。それがソーシャルビジネスの本質だと僕は思っています」

周りの学生が頷《うなず》く中、彼だけは最後まで納得した表情を浮かべませんでした。

講義を終えてからも、僕は今も折に触れて、この学生が投げかけてくれた疑問を思い出しては、自分の考えと向き合っています。

「ザ イノウエブラザーズ」の商品は確かに表面的には高く見えるかもしれない。けれども、人と環境に配慮し、さらに生産から販売に至るすべての過程で一切妥協せずに、僕たちは商品

創価大学大学院経済学研究科の留学生にパッション込めて講義する著者

を作り上げ、それをフェアトレードで販売します。総合的に見れば、この価格は本当は決して高くはないのです。同じものを他のブランドが作るとしたら、僕たちの数倍の値段になるでしょう。

それでも高いと感じてしまうのはなぜか。その〝高さ〟とは、これまでの世界で誰かが強いられてきたアンフェアな負担を、ある意味では可視化したものなのです。

不当に搾取されてきた人々がいることで成り立つ〝安さ〟を、僕自身は決して受け入れたくはない。地球を傷つけることと引き換えに、自身が潤うようなビジネスをしたくはない。今の社会に根づいた構造をおかしいと感じ、人と自然が調和して生きられるような世界こそが、真にサステイナブルであると僕は信じています。

＊

「SDGsの理念に共感し、どこまでも苦しんでいる人たちに寄り添ったビジネスを行う『ザ イノウエブラザーズ』の取り組みをぜひ本にしましょう」

第三文明社からの提案で出発した取材。コロナ禍の制限がある中で、父との思い出をはじめとする僕の幼少期の体験から最新のプロジェクトまで、対面とオンラインで何度も丹念な取材を重ねて、素晴らしい原稿をまとめてくださったライターの南部健人《なんぶけんと》さんに感謝の思いでいっぱいです。また、本書を制作するにあたって、「ザ　イノウエブラザーズ」の日本支社で社長を務める井上玲《れい》さんにもたくさんのサポートをいただきました。本当にありがとう。

最後に本書を手に取ってくれた読者の皆さま、いつも「ザ　イノウエブラザーズ」を応援してくれている仲間たちに心からの感謝を申し上げます。

二〇二三年十二月

ザ　イノウエブラザーズ　井上聡

THE INOUE BROTHERS...

著者略歴

井上 聡（いのうえ・さとる）

1978年、デンマークで日系2世として生まれる。2004年、ロンドンを拠点に美容師として活躍していた弟・清史と、のちの妻・ウラに声をかけ、3人で「ザ イノウエブラザーズ」を設立。社会課題を「ソーシャルデザイン」の力で解決したいと、さまざまなプロジェクトに取り組んでいる。エシカル（倫理的な）ファッションを信条として、南米アンデス地方の貧しい先住民が牧畜したアルパカや、南アフリカやパレスチナで伝わる伝統工芸を使った商品を販売し、不当に搾取され続けた生産者に真っ当な対価を支払うビジネスを展開。沖縄の地でも社会課題解決プロジェクトの計画を進めている。

「ザ イノウエブラザーズ」の取り組みを伝えるビデオ「SDGsヒューマンストーリー」はこちらから

SDGs《エスディージーズ》な仕事《しごと》「THE《ザ》 INOUE《イノウエ》 BROTHERS《ブラザーズ》...」の軌跡《きせき》

2024年1月2日　初版第1刷発行

著　者　井上《いのうえ》 聡《さとる》
発行者　大島光明
発行所　株式会社　第三文明社
東京都新宿区新宿1-23-5　〒160-0022
電話番号　03(5269)7144（営業代表）
03(5269)7145（注文専用）
03(5269)7154（編集代表）
振替口座　0015-3-117823
URL　https://www.daisanbunmei.co.jp/
印刷・製本　精文堂印刷株式会社

ISBN 978-4-476-03421-9